Hirn-, Flader- und Spiegelschnitt

mit den wichtigsten Unterschieden
in den Erkennungsmerkmalen von Nadel- und Laubholz.

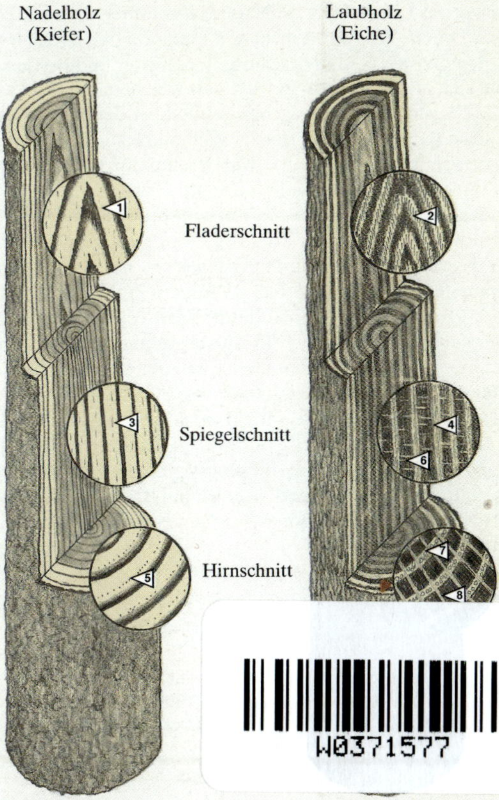

① Harzkanäle
③ Harzkanäle
⑤ Harzkanäle
keine Poren!

② Porenrillen
④ Porenrillen
⑥ Spiegel
⑦ Poren
⑧ Markstrahlen

Der Holz-Kompaß –

Wegweiser zum Holzbestimmen

Holz ist etwas Lebendiges, ist Natur. Holz atmet, es bringt Wärme in unser Leben. Wer kennt nicht den Duft von frischgeschlagenem Holz, den Geruch gerade geschnittener Bretter und Bohlen. Und wer hat sich nicht schon oft gefragt, aus welchem Holz ein hübsches Möbelstück, eine Figur, der Fußboden oder das Dachgestühl eines alten Bauernhauses gefertigt sein könnten.
Ob Bastler oder Heimwerker, ob als Fachmann, der mit dem Werkstoff Holz täglich umgeht, oder nur als am Holz interessierte Laie – wer mehr über Holz erfahren will, braucht ein Buch. Mit dem Holz-Kompaß legt der erfahrene Ratgeber-Verlag Gräfe und Unzer das erste Holz-Bestimmungsbuch vor, mit dem auch Nichtfachleute umgehen können. Der Autor, ein Praktiker mit jahrzehntelanger Erfahrung beim Unterrichten von Studenten, gibt hier verständliche Hilfen für die Holzbestimmung und vermittelt gleichzeitig fundiertes Wissen über einen der ältesten Werkstoffe des Menschen.
Eine Holzart läßt sich nicht, wie oft irrtümlich angenommen wird, anhand der Holzfarbe präzise bestimmen, sondern an den Holzstrukturen, winzigen Details, die stets vorhanden und für jede Holzart unverwechselbar sind. Wer seinen Blick für diese Details schärft, wird bald lernen, die wichtigsten Nutzhölzer voneinander zu unterscheiden.
Im Holz-Kompaß sind 23 der wichtigsten Nutzhölzer vorgestellt und in drei Gruppen gegliedert: Nadelhölzer – Laubhölzer – exotische Hölzer. 50 Naturfarbfotos zeigen Stammquerschnitte, Erscheinungsbild und typische Details der beschriebenen Holzart; Zeichnungen der üblichen Schnittlagen – Hirn-, Flader- und Spiegelschnitt – ermöglichen das Bestimmen der Holzart. Die Steckbrieftexte enthalten genaue Angaben der Erkennungsmerkmale und Informationen über Verwendung, Herkunft, Eigenschaften und Besonderheiten der beschriebenen Hölzer.

Die Kennfarben der Holzgruppen:

	blau	=	einheimische Nadelhölzer (Seite 20 bis 29)
	grün	=	einheimische Laubhölzer (Seite 30 bis 55)
	rot	=	exotische Laubhölzer (Seite 56 bis 65)

Diese Kennfarben finden Sie auch in der Holzbestimmungstabelle auf Seite 18; damit wird das Auffinden der gesuchten Holzgruppe im Buch erleichtert.

Das gehört zur Holzbestimmung

Die für jede Holzart typischen Erkennungsmerkmale stellen sich in Hirn-, Flader- und Spiegelschnitt jeweils anders dar – augenfälligstes Beispiel: die Jahresringe. Der Stamm ist in jedem Schnitt auf jeweils andere Weise durchgesägt, wodurch die Jahresringe unterschiedlich angeschnitten sind und demgemäß in jedem Schnitt anders erscheinen. Sie sollten sich also zunächst vertraut machen mit den Schnittführungen von Hirn-, Flader- und Spiegelschnitt (→ Seite 1 und 4). Alle für die Bestimmung wichtigen Erkennungsmerkmale der Nadel- und Laubhölzer sind im Kapitel »Grundlagen der Holzbestimmung« verständlich erläutert und in Zeichnungen dargestellt (→ Seite 4).

Dieses Grundwissen ist Ihr Rüstzeug – Sie können die Informationen in der Holzbestimmungstabelle (→ Seite 18) nutzen und lernen, die arttypischen Merkmale der Holzarten zu erkennen.
Die Merkmale in den Schnitten der einzelnen Holzarten sind meist mit bloßem Auge, manchmal aber nur mit der Lupe deutlich zu erkennen. Deshalb sollten Sie sich zur Holzbestimmung eine handliche Lupe mit 2- bis 8facher Vergrößerung besorgen, wie sie bei jedem Optiker für wenig Geld zu bekommen ist.

Der Autor: Josef Geldhauser, Jahrgang 1922, von 1950 bis 1985 am Lehrstuhl für Hochbaukonstruktion und Baustoffkunde der Technischen Universität München. Aufbau einer Baustoffsammlung, die als umfangreichste und instruktivste ihrer Art in der Bundesrepublik gilt. Der Autor hielt während seiner Tätigkeit an der TU Übungen für Studenten und verfaßte zahlreiche Kompendien und Schriften als Lehrmittel.

Grundlagen der Holzbestimmung

Wer Hölzer bestimmen will, muß sich als erstes mit einigen wichtigen *Grundbegriffen* vertraut machen. Diese Begriffe und ihre Erläuterungen betreffen den *Baumwuchs,* die *Schnittlagen* am massiven Holz und bei Furnieren und welche *Erkennungsmerkmale* (Makromerkmale) daran zu sehen sind. Ferner wird erklärt, welche *Furniere* es gibt und wie sie hergestellt werden.

Schnittlagen

Das Erscheinungsbild (Dekor) des Holzes ist außer von den Erkennungsmerkmalen (→ Seite 10) noch wesentlich davon abhängig, *wie der Schnitt* durch den Stamm geführt ist (→ Seite 1 und 66):

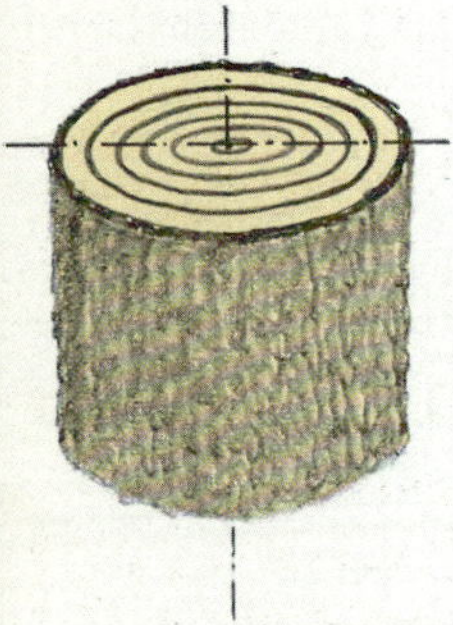

Der **Hirnschnitt** (Querschnitt)

wird rechtwinklig zur Stammachse geführt und ist der für die Holzbestimmung *wichtigste Schnitt.* Der Hirnschnitt gibt Aufschluß über:
den *Baumwuchs* (→ Seite 8),
mit großer Genauigkeit *das Alter des Baumes* (→ Jahresringe, Seite 10),
die *Holzgruppe* (Nadel-/Laubholz),
das Vorhandensein von *Harzkanälen* bei Nadelhölzern (→ Seite 11),
die *Porenanordnung bei Laubbäumen* (→ ringporig/zerstreutporig, Seite 12),
das Vorhandensein von *Markstrahlen* (→ Seite 13),
das Erkennen von *Speicherzellen* (→ Seite 13).

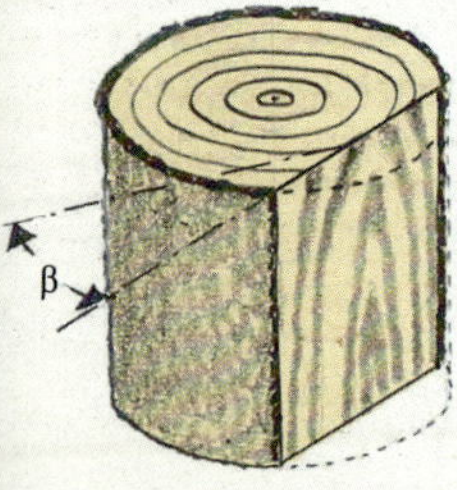

Der **Fladerschnitt** (Sehnen- oder Tangentialschnitt)

wird parallel zur Stammachse und tangential (spitzwinklig / β) zu einem Jahresring (→ Seite 10) geführt. Angeschnittene Jahresringe weisen in dieser Schnittlage die typische, unregelmäßig zulaufende, spitzbogenförmige *Zeichnung* (→ Seite 10) auf.

Wichtig: *Fladerschnitt = kurven- und spitzbogenförmige Zeichnung durch die Jahresringe.*

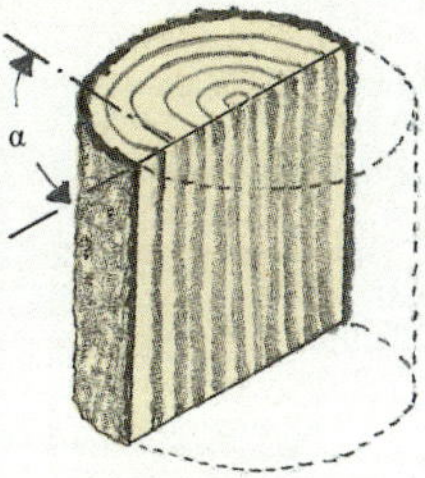

Der **Spiegelschnitt** (Radial-, Rift- oder Mittenschnitt)

wird wie der Fladerschnitt parallel zur Stammachse geführt, jedoch durch oder zumindest nahe dem Stammzentrum, dies bedeutet ziemlich rechtwinklig (stumpf / α) zu den Jahresringen (→ Seite 10).
Die teilweise angeschnittenen *Markstrahlen* glänzen bei bestimmten Hölzern seidig und werden daher als Spiegel (→ Markstrahlen Seite 13) bezeichnet.
Die Jahresringe bilden die für diese Schnittlage typische, parallele Streifung (→ Seite 11).
Wichtig: *Spiegelschnitt = parallele Längsstreifung durch die Jahresringe* (→ Seite 11).

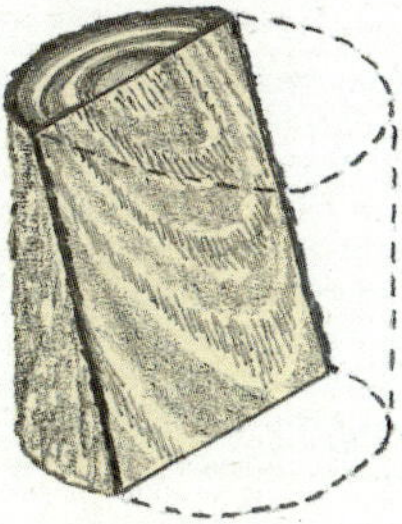

Der **Halbschnitt**

ist ein Mittelding zwischen Hirn- und Fladerschnitt in Schnitt und Zeichnung und wird schräg zur Stammachse geführt. Man nennt ihn auch *»halber Hirn-« oder »halber Fladerschnitt«.* Diese Schnittführung ist selten und wird nur dann ausgeführt, wenn besonders dekorative Flächen gewünscht werden.

Furniere

Viele Hölzer verarbeitet man in Form von Furnieren, um Material und Kosten zu sparen. Die auf unterschiedliche Weise hergestellten, dünnen Furnierblätter werden als Deckschicht auf tragende Platten (Furnierholz-, Span- oder Tischlerplatten) oder auf weniger wertvolle Hölzer furniert (aufgeleimt). Zur Furnierherstellung werden die Stämme in vielen Fällen vorher mit Wärme und Wasserdampf aufbereitet, um die Holzfasern geschmeidig zu machen. Durch dieses »Dämpfen« (→ Seite 77) wird bei bestimmten Holzarten (Rotbuche, Kirschbaum) die Zeichnung (Maserung) des Holzes intensiviert sowie die Tendenz zum Reißen und Werfen vermindert. Die sorgfältige Pflege der Furnierblätter erübrigt sich dadurch allerdings nicht!

Das Messerfurnier

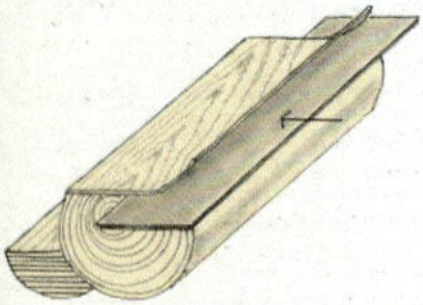

wird in dünnen Lagen *parallel zur Stammachse* mit einem »Messer« heruntergeschnitten. Der Vorgang ähnelt dem Abhobeln, bei dem etwa *drei Viertel* der unterschiedlich breiten Blätter (Furnierlagen) mit der typischen *Fladerschnittzeichnung* und *ein Viertel* mit *Spiegelschnittstreifung* gewonnen werden. Es entsteht kein Schnittverlust.

Die mit »Messern« geschnittenen Furniere werden von 8 bis 50 cm Breite und von 1 bis 5 m Länge gehandelt. Die Oberfläche dieser Furniere ist relativ glatt und erleichtert die Schlußbehandlung (Politur, Kunststoffbeschichtung).

Furnierstärke je nach Holzart: 0,55 bis 1,2 mm.

Das Sägefurnier

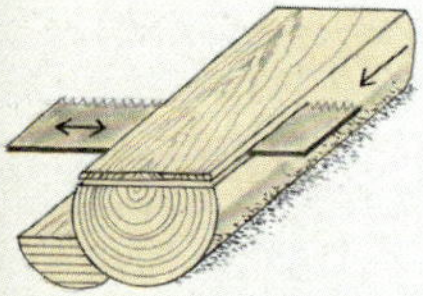

ist dicker als die mit Hilfe von Messern gewonnenen Blattlagen, ist *gröber an der Oberfläche* und somit aufwendiger in der nachfolgenden Behandlung. Der Stamm wird der Länge nach parallel zur Stammachse aufgesägt, meistens mit mehreren Sägeblättern gleichzeitig (Gattersäge). Man gewinnt etwa *zwei Drittel* dieser *»Dickten«* mit *Fladerschnittzeichnung* und *ein Drittel* mit *Spiegelschnittstreifung*. Der Schnittverlust ist hoch. Das Sägefurnier wird nur noch selten gehandelt.

Dickténstärke: 1,2 bis 8,0 mm.

Das Schälfurnier

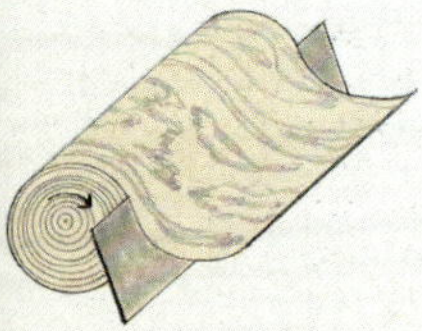

wird spiralförmig in einem fortlaufenden Band vom rotierenden Stamm geschält. Das in einem bestimmten Anstellwinkel parallel zur Stammachse stehende »Messer« kann bis zu 2,60 m lang sein (= Furnierbreite). Die dabei angeschnittenen Jahresringe und die groben Porenflader ergeben auf dem Schälfurnier eine lebhafte, flächig-wolkige Zeichnung (wie ein verzerrter Fladerschnitt). Das Furnierband wird erst später bedarfsgerecht auf Blattgröße zugeschnitten.

Furnierstärke je nach Holzart: 0,55 bis 1,2 mm.

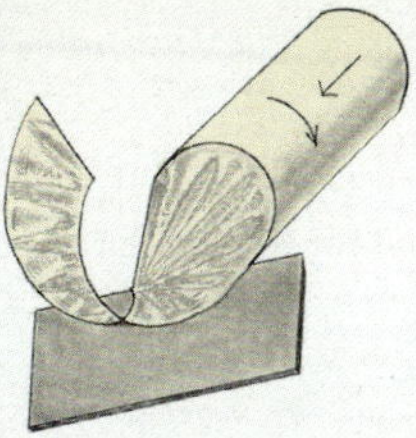

Das Radialfurnier

Zur Herstellung dieses Furniers dreht sich der rotierende Stamm einem schräg zur Achse stehenden »Messer« entgegen (wie bei einem Bleistiftspitzer). Die dadurch gewonnene Furnierspirale wird anschließend bedarfsgerecht in Blattgrößen (runde Furnierscheiben) geteilt. Das sehr interessante Oberflächenbild ähnelt der Zeichnung eines sich *immer wiederholenden Halbschnittes* (→ Seite 5).
Furnierstärke: 0,8 bis 1,2 mm.

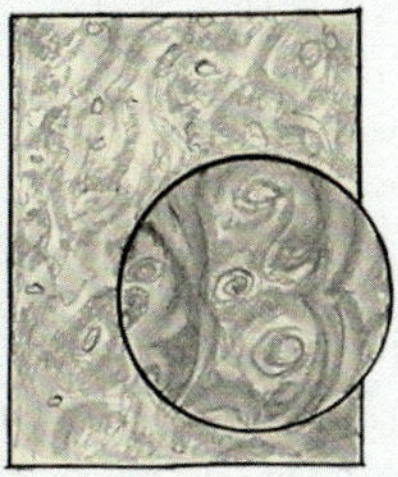

Maserfurnier (Wurzelmaserfurnier)

Diese Bezeichnung bezieht sich nicht auf die Herstellung, sondern auf das *Erscheinungsbild* des Furniers. Es ist besonders dekorativ in der *Zeichnung* (→ Seite 11). Die im Stammende (Wurzelansatz) zusammenlaufenden Wurzeln bilden im Schnitt die unruhige Zeichnung durch die unterschiedlich zueinander gerichteten Zellstrukturen (Wurzelmaser).
Da nur wenige Bäume zur Herstellung dieses Furniers geeignet sind, ist *Maserfurnier selten und teuer.* Als Ersatz für Maserfurnier nimmt man heute meistens Radialfurnier.
Furnierstärke: je nach Holzart unterschiedlich.

Edelfurnier

ist die Handelsbezeichnung für Furniere *edler Hölzer* wie Eiche, Rüster, Kirschbaum, Mahagoni, Palisander und andere mehr.

Oberflächentönung

Die Holzfarbe

Die *Farbe* des Holzes ist trügerisch. Sie ist für den *Unerfahrenen kein Kriterium und keine Hilfe* bei der Holzbestimmung. Witterungseinflüsse, Lichteinwirkung mit und ohne Schutzmaßnahmen und alle möglichen Oberflächenbehandlungen (Beizen, Lasieren, Wachsen, Ölen, Bleichen, Brennen, Ätzen, um nur einige zu nennen) *verändern* die Holzfarbe.
Sie können das Holz nur nach seinen *Erkennungsmerkmalen* (Makromerkmalen → Seite 10), wie sie im Holz-Kompaß erklärt sind, sicher bestimmen.

Stammaufbau

Baumwuchs

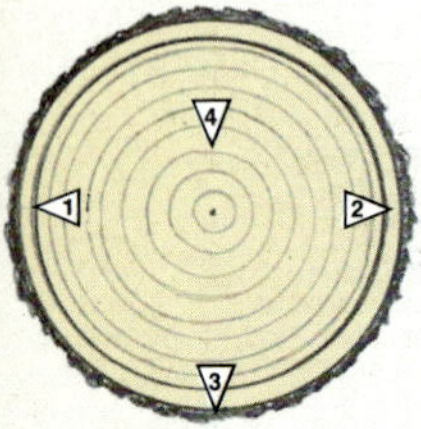

In jedem Jahr wächst der Baum in Länge und Umfang. Vom ▷1 Kambium (Lebensschicht) aus entwickelt sich eine neue Holzschicht, die sich mantelförmig um den Stamm legt. Bei einem *quer* durchgesägten Baum sieht man im *Hirnschnitt* Rinde, Bast, Kambium und die *Jahresringe*. Das ▷1 Kambium als zeitlebens teilungsfähiges Zellgewebe bildet nach außen ▷2 Bast und ▷3 Rinde, nach innen ▷4 Holz. Im Frühjahr und Sommer entsteht das *Frühholz* (→ Jahresringe, Seite 10). In der kälteren Jahreszeit (Herbst bis Kälteeinbruch) wird, bedingt durch langsameres Wachstum, das *Spätholz* (→ Jahresringe, Seite 10) gebildet. Der Wechsel von weicherem Frühholz und dichterem Spätholz ergibt im *Hirnschnitt* das bekannte Bild der *Jahresringe*. An der Anzahl der Jahresringe läßt sich daher mit großer Genauigkeit das Alter des Baumes abzählen.
Schneidet man den Baum in seiner *Länge* auf, erscheinen diese Schichten – je nach Schnittlage –, wie im *Flader- und Spiegelschnitt* (→ Seite 4, 5) beschrieben.
Da Holz generell keine homogene Beschaffenheit aufweist, unterscheiden wir den Stammaufbau nach saftführenden, lebenden und nach abgestorbenen, erhärteten Zellstrukturen. Dadurch ergeben sich folgende vier Gruppen:

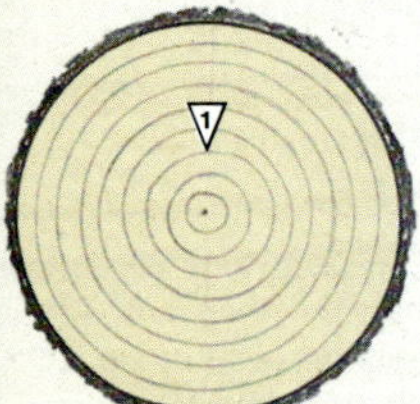

Der Splintholzbaum

besteht nur aus hellem saftführendem ▷1 Splintholz und ist deshalb *im gesamten Querschnitt von gleicher Farbe, Härte und Feuchtigkeit.*
Beispiele: Ahorn, Weißbuche, Birke.

Der Reifholzbaum

besteht im inneren Bereich des Stammes aus härterem und dichterem Reifholz (abgestorbene Zellstrukturen) *ohne Verfärbung* (▷1 Reifholz), das vom saftführenden, weichen ▷2 Splintholz umhüllt ist. Die dunklere Fläche in der Darstellung kennzeichnet die höhere

Dichte des Reifholzes und stellt keine Verfärbung dar. Der Reifholzbaum könnte auch als »Baum mit hellem Kern« bezeichnet werden. Beispiele: Fichte, Tanne, Rotbuche, Linde, Birnbaum.

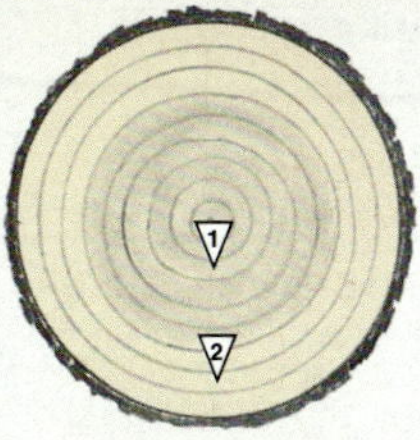

Der Kernholzbaum

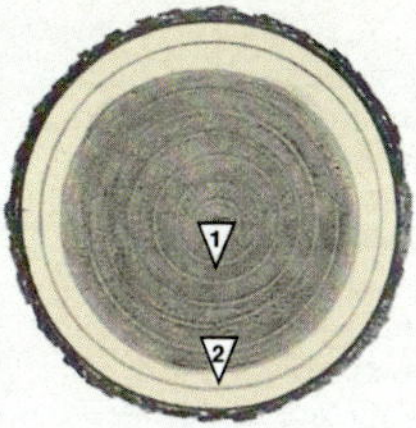

Das 1▷ *Kernholz* (dunkel, hart, dicht) läßt sich leicht vom 2▷ *Splintholz* (hell, weich, saftführend) unterscheiden. Der *echte Kern* ist klar vom Jahresring begrenzt (im Vergleich Scheinkern, → unten). Der Anteil von Kern- und Splintholz ist je nach Holzart unterschiedlich groß. Durch die ständig fortschreitende echte Verkernung des Stammes bekommt der Baum eine zunehmende statische *Festigkeit* (im Vergleich Scheinkern, → unten). Die dunkle Verfärbung beruht sowohl auf der Einlagerung von Gerbstoffen und Harzen als auch auf der zunehmenden Dichte der verholzten, abgestorbenen Zellstrukturen des Kernholzes.
Beispiele: Kiefer, Lärche, Eibe, Eiche, Nußbaum und alle im Holz-Kompaß vorgestellten exotischen Laubhölzer.

Der Reifkernholzbaum

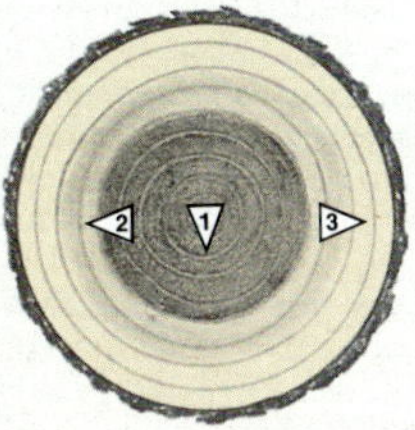

weist *drei* Zonen auf. Er besteht aus einem *dunklen* 1▷ *Kern,* der vom *hellen* 2▷ *Reifholzring* umschlossen ist. In der Härte sind beide fast gleich. Das ebenfalls helle, saftführende 3▷ *Splintholz* dagegen ist weich. Alle drei Zonen folgen den Jahresringen.
Beispiel: Rüster.

Bäume mit Scheinkern (»falscher Kern«)

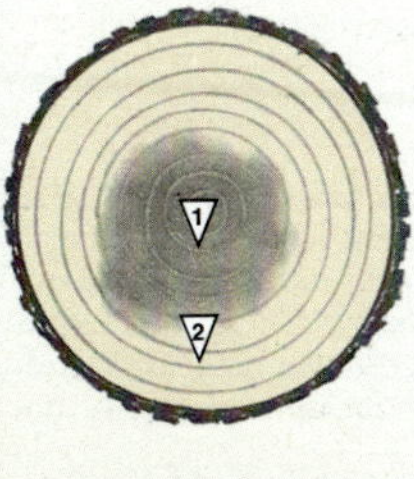

können Splintholz- oder Reifholzbäume sein. Der 1▷ Scheinkern zeigt eine deutliche, unregelmäßige Dunkelfärbung gegenüber dem 2▷ Splint- oder Reifholz. Er folgt meist nicht den Jahresringen und wirkt daher unrund ausgebeult. Während der echte Kern eine stützende, festigende Funktion hat, handelt es sich beim Scheinkern um eine Abwehrreaktion gegen holzzerstörende Pilze, die bei Nadel- und Laubbäumen oft auftritt.
Möglich bei Tanne, Fichte, Birke, Rotbuche, Birnbaum.

Wichtige Erkennungsmerkmale (Makromerkmale)

Obwohl viele Erkennungsmerkmale schon mit bloßem Auge sichtbar sind, sollte man sie – um sicher zu gehen – zur Holzbestimmung in den drei Schnittlagen *mit der Lupe* betrachten (→ Seite 16).

Die Jahresringe

bestimmen in den meisten Fällen bei Bäumen der gemäßigten Zonen in allen Schnittlagen das Holzbild: im *Hirnschnitt* (→ Seite 4) als mehr oder minder konzentrische Kreise, im *Fladerschnitt* (→ Seite 4) als spitzbogenförmige Zeichnung (Fladerung, Maserung, → Seite 11) und im *Spiegelschnitt* (→ Seite 5) als parallele Streifung (→ Seite 11).

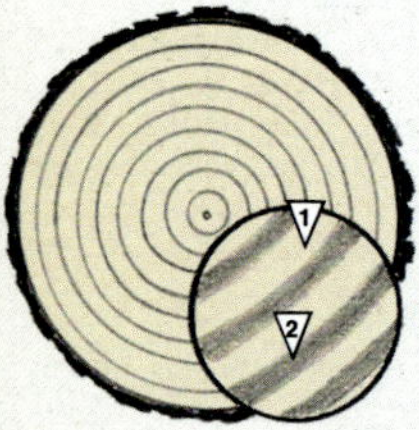

An den Jahresringen läßt sich mit großer Genauigkeit *das Alter eines Baumes* abzählen. Ein Jahresring setzt sich aus Früh- und aus Spätholz zusammen. Das ▷1 *Frühholz* bildet sich im Frühling und Sommer. Die groben bis mittleren, dünnwandigen Zellstrukturen dienen dem vertikalen Nährstofftransport und wachsen vom Kambium – der Lebensschicht – aus an den vorjährigen Ring als helle Schicht an. Im Frühholz sind bei ringporigen Laubhölzern diese Zellstrukturen (Gefäße) im Querschnitt als *Poren* (→ Seite 12) deutlich zu sehen.

Das ▷2 *Spätholz* bildet sich bei reduzierter Nährstoffzufuhr in der kälteren Jahreszeit (Herbst bis Kälteeinbruch.) Die feinen Zellstrukturen sind dichter, härter und etwas dunkler als beim schnellwachsenden Frühholz und dienen der Festigkeit. Bei zerstreutporigen Laubhölzern sind Gefäße als Poren im Spät- und Frühholz zu erkennen.

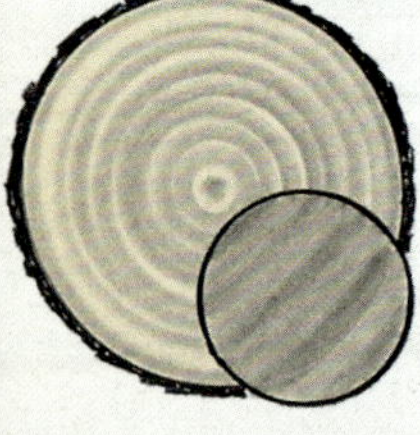

Zuwachszonen

Exotische Hölzer, die klimatisch bedingten Wachstumspausen nicht unterliegen, haben keine Jahresringe, sondern Zuwachszonen mit nur schwach erkennbaren Übergängen. Mitunter begrenzen feine Bänder die Zuwachszonen. Früh- und Spätholz kann man nicht un-

terscheiden. Das Baumalter ist *nicht* daran abzuzählen.
Beispiele: Mahagoni, Teak, Palisander, Limba, Okoumé.

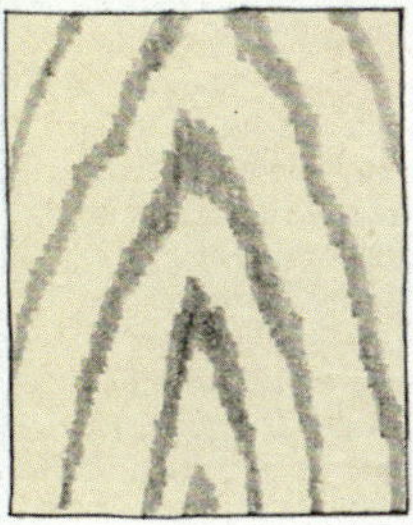

Zeichnung (Fladerung / Maserung)

So bezeichnet man die im *Fladerschnitt* (→ Seite 4) angeschnittenen Jahresringe (→ Seite 10). Sie prägen das Holzbild durch ihre oft flächigen, spitzbogenförmigen Figuren (Kiefer, Lärche). Die Wirkung kann durch *Porenrillen* (→ Porenfladerung, Seite 13) bei ringporigen Laubhölzern verstärkt werden (Eiche, Esche).

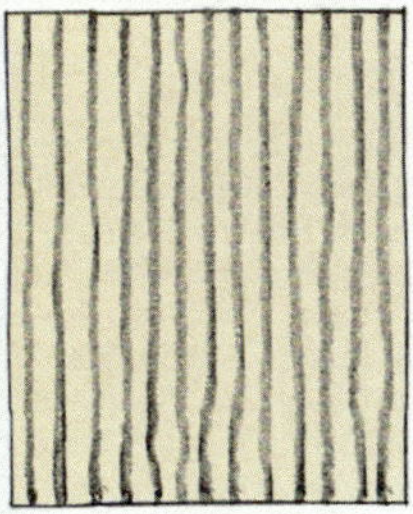

Streifung

So bezeichnet man das *Erscheinungsbild der Jahresringe im Spiegelschnitt.* Die Jahresringe erscheinen als parallel laufende Streifen – je nach Holzzuwachs von unterschiedlicher Breite. Die Deutlichkeit der Streifung kann durch die Porenrillen (→ Porenstreifung, Seite 13) im Frühholz (→ ringporige Hölzer, Seite 12) verstärkt sein; besonders deutliche Porenstreifung bei Eiche und Esche.

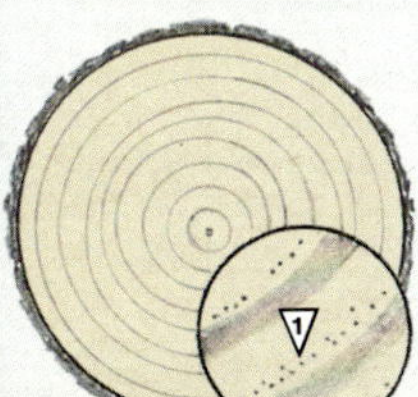

Harzkanäle (Harzgänge)

▷1 Harzkanäle *kommen in den meisten* (nicht in allen) *Nadelhölzern vor,* jedoch *niemals in einheimischen Laubhölzern.* Sie sind hauptsächlich im Frühholz in Faserrichtung als sehr feine harzgefüllte »Gänge« zu erkennen. Im Hirnschnitt weisen oft kleine austretende Harztröpfchen darauf hin. Im Flader- und Spiegelschnitt sind sie als feine, dunkle Striche kaum (oder nicht) erkennbar.
Beispiele: Fichte, Kiefer, Lärche.

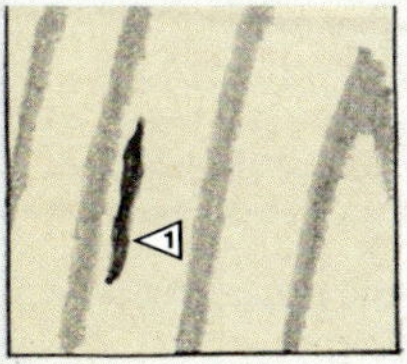

Harzgallen (Harzlinsen)

sind meist linsenförmige Harzansammlungen unterschiedlicher Größe. Sie können im Frühholz als Reaktion auf äußere Verletzungen entstehen (Insekten, Vögel, Wildverbiß). Im Flader- und Spiegelschnitt sind die ▷1 Harzgallen deutlich zu erkennen. Möglich bei allen harzführenden Nadelhölzern.

Poren

ein wichtiges Erkennungsmerkmal für Laubhölzer, sind im *Hirnschnitt* unterschiedlich zu sehen. Als Poren bezeichnet man die Querschnitte der röhrenförmigen Gefäße, die den Baum in Faserrichtung mit flüssigen Nährstoffen versorgen. Je nach Holzart sind sie unterschiedlich angeordnet (ringporig, zerstreutporig) und nach *Porengröße* unterteilt:
grob = größer als 0,21 mm Durchmesser
mittel = 0,14 bis 0,21 mm Durchmesser
klein = 0,07 bis 0,14 mm Durchmesser
fein = kleiner als 0,07 mm Durchmesser
Mit zunehmendem Alter können diese Gefäße mit Einlagerungen verthyllt (→ Seite 80) werden.

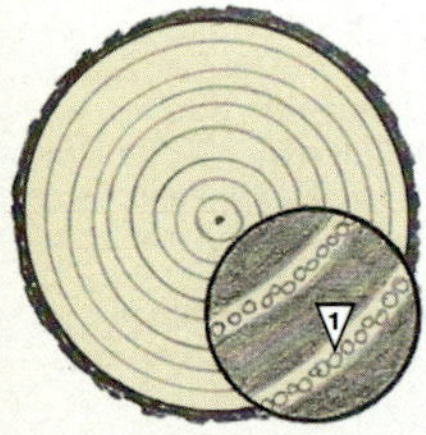

Ringporig

Hölzer, bei denen sich die *groben* Gefäße wie ein dichter Ring im *Frühholz* an den vorjährigen Jahresring anschließen, nennt man 1▷ *ringporig*. Die Jahresringgrenze sowie der Übergang von Früh- zu Spätholz sind im Hirnschnitt dadurch deutlich betont. Die in Faserrichtung aufgeschnittenen Gefäße erscheinen im Fladerschnitt als Porenfladerung (→ Seite 13), im Spiegelschnitt als Porenstreifung (→ Seite 13).
Beispiele: Eiche, Esche, Rüster.

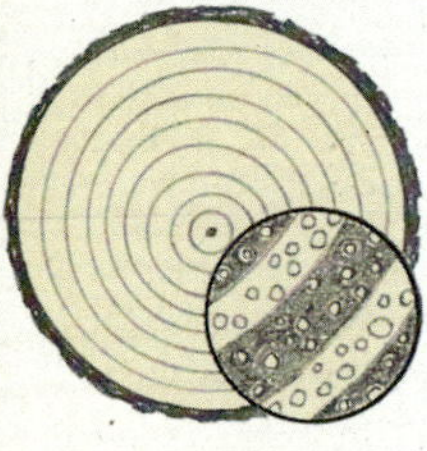

Zerstreutporig

Bei dieser Anordnung sind die etwa gleichgroßen Poren *im Früh- und Spätholz* ziemlich gleichmäßig verteilt. Die Jahresringgrenze wird dadurch häufig undeutlich und ist gelegentlich schwieriger zu erkennen.
Beispiele: Rotbuche, Ahorn, Birke, Birnbaum.

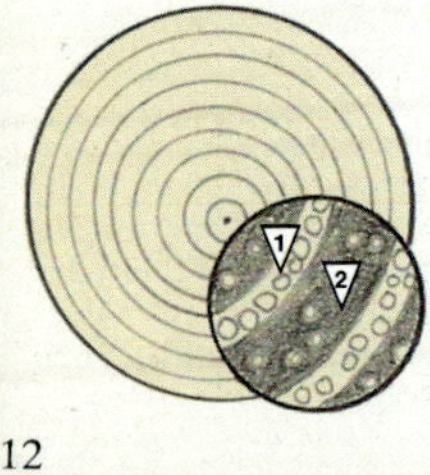

Halbringporig/Halbzerstreutporig

Dies ist eine Zwischenstufe von 1▷ schwach ringporig im Frühholz und 2▷ leicht zerstreutporig im Spätholz. Je nach Holzart überwiegt mal die ringporige, mal die zerstreutporige Anordnung.
Beispiele: einige Kirschbaumarten, Nußbaum, Teak.

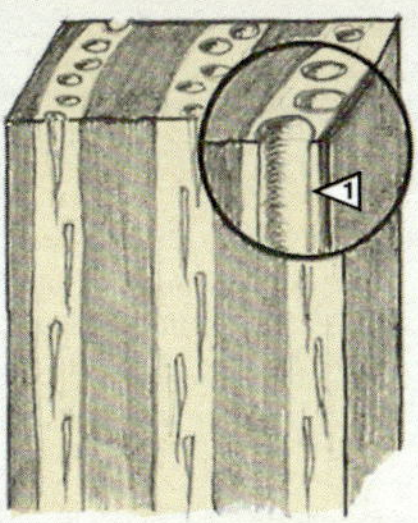

Porenrillen

So bezeichnet man die in Längsrichtung aufgeschnittenen 1▷ Gefäße (Poren). Im Fladerschnitt ringporiger Hölzer erscheinen sie als *Porenfladerung,* im Spiegelschnitt als *Porenstreifung* und können das Erscheinungsbild des Holzes prägen. Je nach Größe der Porendurchmesser (Poren → Seite 12) erscheinen sie als feine bis grobe, offene oder gefüllte (verthyllte → Seite 80) Rillen.
Beispiele: Esche, Rüster, Teak.

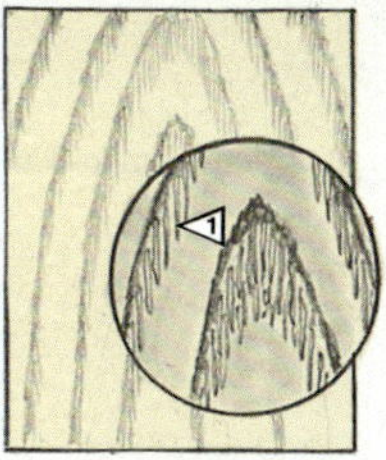

Nadelrisse

werden die im *Flader- und Spiegelschnitt* sichtbaren, 1▷ *sehr groben Porenrillen* genannt. Porenfladerung und -streifung werden durch Nadelrisse besonders auffällig.
Beispiel: Eiche, Limba, Okoumé.

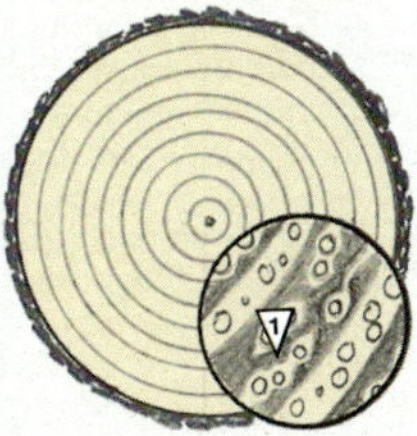

Speicherzellen

sind je nach Holzart im *Hirnschnitt* unterschiedlich deutlich zu erkennen (Lupe). Sie befinden sich hauptsächlich in der 1▷ Umgebung der Poren (Gefäße) und dienen dem Baum zur Speicherung von Stoffwechselprodukten (Stärke). In unterschiedlicher Abtönung umschließen sie die Poren flächig oder bandförmig (Eiche und Rüster). Bei Mahagoni begrenzen sie als feine Linien die Zuwachszonen.
Auf Längsschnitten sind die Speicherzellen in der Regel nicht zu erkennen.

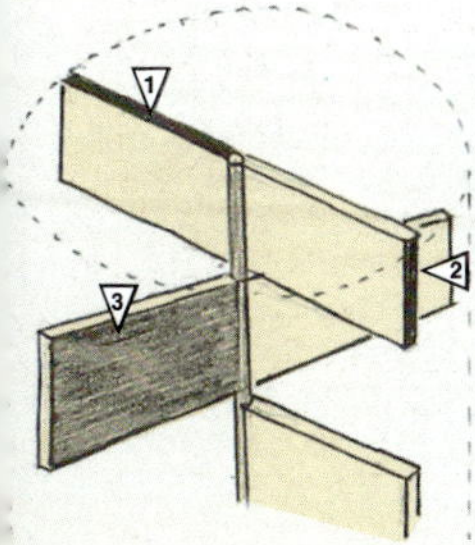

Markstrahlen

sind in allen drei Schnittlagen meist zu erkennen:

1▷ Markstrahl ist im *Hirnschnitt* als radialer Strich zu sehen.

2▷ Markstrahl zeigt im *Fladerschnitt* seinen Querschnitt.

3▷ Spiegel = flächig angeschnittener Markstrahl im *Spiegelschnitt.*

(Die in der Zeichnung schwarz angelegten Flächen kennzeichnen die Schnittflächen.)

Markstrahlen kommen bei *jeder Holzart* vor. Sie sind lebensnotwendige Organe, die den Stamm in *radialer* Richtung (vom Mark zur

Rinde) bandartig durchziehen und ihn quer zur Stammachse mit Nährstoffen versorgen. Sie durchkreuzen als flache Zellbündel rechtwinklig die in Stammachse verlaufenden Zellstrukturen (Gefäße, Speicherzellen). Je nach Holzart sind sie unterschiedlich deutlich erkennbar (vergleiche: Eiche mit Esche) und ebenso in Höhe, Breite, Verlauf und Anordnung (stockwerkartig, spiralig) verschieden.

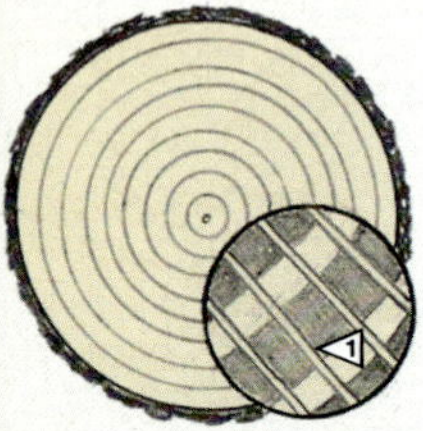

Im *Hirnschnitt* erscheinen die 1▷ Markstrahlen als unterschiedlich schmale, meist helle Linien, die von der Stammitte radial nach außen verlaufen.

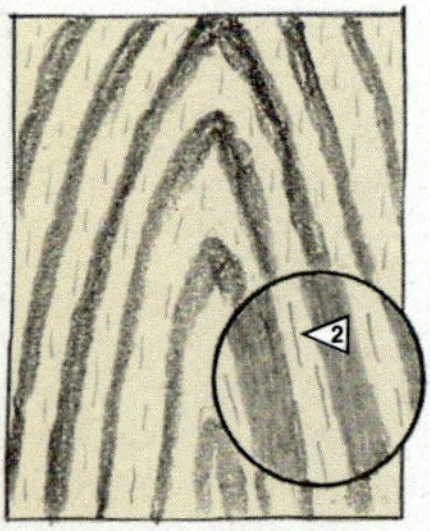

Im *Fladerschnitt* sind die 2▷ Markstrahlen mit ihrem Querschnitt als unterschiedlich breite, kurze bis längliche Strichelchen zu erkennen. Die Länge des kleinen Striches entspricht der Höhe des Markstrahls. Form und Größe sind artspezifisch.
Beispiele: Eiche = lange, breite, dunkle Striche; Rotbuche = kurze, dunkle Strichelchen.

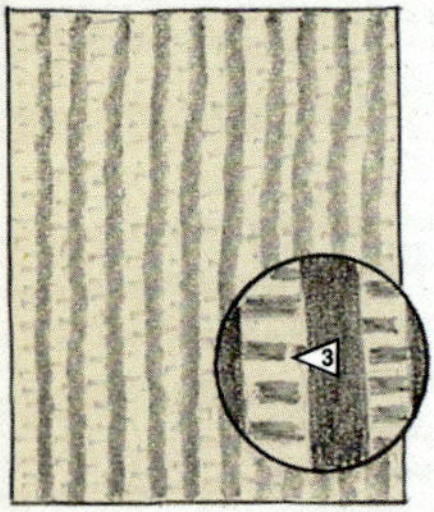

Im *Spiegelschnitt* nennt man die in ihrer ganzen Höhe und teilweise *der Länge nach radial angeschnittenen* Markstrahlen 3▷ Spiegel. Je nach Holzart erscheinen sie als feine bis große, auffallend *seidenglänzende* Flächen (Kirschbaum, Eiche). Bei manchen Holzarten sind keine Spiegel erkennbar (→ Esche).
Scheinmarkstrahlen / Scheinspiegel
sind meist sehr breite und hohe, undeutlich abgegrenzte und *nie glänzende Flächen.* (Andere Zellelemente als bei den »echten Markstrahlen«.)
Beispiel: Weißbuche.

Diese Angaben finden Sie in jedem Steckbrief

Im Farbbalken des Steckbrief-Kopfes finden Sie die Angabe zum Stammaufbau der vorgestellten Holzart (Symbol mit Stichwort), den Holznamen, die Namen der botanischen Gattung, der Art und der Pflanzenfamilie sowie Zweit- oder gebräuchliche Handelsnamen der beschriebenen Holzart.

Symbole für den Stammaufbau:

 Splintholzbaum

 Reifholzbaum

 Reifkernholzbaum

 Kernholzbaum

Diese Symbole finden Sie auch in der Holzbestimmungstabelle (→ Seite 18) als Hilfe zur schnelleren Orientierung.

Die Stichworte im Steckbrief

Verwendung: Angabe der wichtigsten Verwendungsmöglichkeiten.
Herkunft – nur bei exotischen Hölzern: Heimatland der vorgestellten Holzart.
Querschnitt: Angaben über Kern- und Splintholz sowie Schein- oder Rotkern (→ Seite 9).
Eigenschaften: *Härte:* weich = bis 30 N/mm^2 (Newton pro Quadratmillimeter); mittel = 30 bis 70 N/mm^2; hart = 70 bis 150 N/mm^2.
Gewicht: Mittelwert in kg/dm^3 bei 15% Holzfeuchtigkeit (= lufttrocken).
Volumenschwindung: Prozentangabe für Gesamtschwund: stark schwindend = mehr als 15%; mäßig schwindend = 15%; gering schwindend = unter 10% (→ auch Seite 67).
Standfestigkeit: Das Verhalten des Holzes nach dem Trocknungsprozeß (→ auch Seite 67).
Wetterbeständigkeit: Beständigkeit des ungeschützten Holzes im Freien.
Pilzanfälligkeit: Wertung in bezug auf die fünf holzzerstörenden Pilzarten (→ Seite 74).
Insektenanfälligkeit: Wertung in bezug auf alle Schadinsekten (→ Seite 75).

Geruch: Bei frischem Holz oder der Bearbeitung.
Bearbeitung: Wertung des Schwierigkeitsgrades bei der Bearbeitung mit allen Werkzeugen; Besonderheiten sind genannt.
Anmerkung: Hinweise über bemerkenswerte Eigenschaften und Eigenarten des Holzes.
Ähnliche Hölzer: Hölzer der gleichen Art; Hölzer mit irreführenden Bezeichnungen; Hölzer, die man verwechseln kann (man sollte dann vergleichen).
Im Farbbalken am Ende des Steckbriefes ist neben der Holzgruppe der vorgestellten Holzart das wichtigste Erkennungsmerkmal angegeben.

Die Zeichnungen im Steckbrief

Die Erkennungsmerkmale stellen sich in jedem der drei üblichen Schnitte unterschiedlich dar. Deshalb sind für jede Holzart Hirn-, Flader- und Spiegelschnitt in Zeichnungen dargestellt. Der Hirnschnitt als der für die Bestimmung aufschlußreichste Schnitt ist vergrößert – im Maßstab 2:1 – gezeichnet, während Flader- und Spiegelschnitt in natürlicher Größe – im Maßstab 1:1 – abgebildet sind.
Als Legende zu jeder Schnitt-Zeichnung finden Sie die Erläuterungen der einzelnen Erkennungsmerkmale. Die wichtigsten Merkmale sind in den Zeichnungen markiert durch Pfeile, in den numerierten Texten mit Hilfe von gekennzeichneten Ziffern (Zeichnung: Pfeil mit der Ziffer 2 = Text: Erläuterung Nummer 2).
Die arttypischen Erkennungsmerkmale sind meist mit bloßem Auge, manchmal aber nur mit Lupe deutlich zu erkennen. In diesen Fällen finden Sie im erläuternden Text das Lupen-Symbol (🔍). Einige Erkennungsmerkmale werden nur unter dem Mikroskop sichtbar – in diesen Fällen reichen die erkennbaren (und erläuterten) Merkmale zur Bestimmung aus. Es wird unterschieden:
erkennbar (blaß, deutlich, sehr deutlich, markant, grob) = *mit bloßem Auge sichtbar;* kaum erkennbar 🔍 (schwach erkennbar 🔍) = mit bloßem Auge kaum, unter der Lupe deutlich sichtbar; nicht erkennbar = *unter der Lupe nicht* zu sehen.
Hirn-, Flader- und Spiegelschnitt sind auf Seite 1 und 4 in Texten und Zeichnungen erläutert, Erklärungen und Zeichnungen der Erkennungsmerkmale finden Sie auf den Seiten 10 bis 14.
Die Erläuterungen der Fondfarben finden Sie auf Seite 3.

So benutzen Sie die Holzbestimmungstabelle

In der Holzbestimmungstabelle (→ Seite 18) sind alle Informationen zusammengefaßt, die Ihnen helfen, eine Ihnen unbekannte Holzart – sei es als Bohle, Brett oder Furnier – zu bestimmen: Die Erkennungsmerkmale einer jeden Holzgruppe (gekennzeichnet durch Farbbalken und Fondfarben) und die Merkmale, wie sie in den drei Schnittlagen sichtbar werden. Die Symbole für den Stammaufbau (Kernfärbung im Stamm) helfen bei der schnellen Orientierung. (Fondfarben und Symbole → Seite 3 und 15.)
Wichtig: Die Bestimmungstabelle können Sie dann am besten nutzen, wenn Sie sich mit den Schnittlagen (→ Seite 1 und 4) und den Grundlagen der Holzbestimmung (→ Seite 4) vertraut gemacht haben. Sicherheitshalber sollten Sie bei der Bestimmung Ihre Lupe zu Hilfe nehmen. Auf Ihrer Holzprobe muß die Schnittlage deutlich zu erkennen sein – rauhe gesägte Flächen eignen sich weniger.

So gehen Sie beim Bestimmen vor

① Bestimmen Sie die Schnittlage Ihrer Holzprobe – Hirn-, Flader- oder Spiegelschnitt (→ Seite 1 und 4). Die in der Spalte der zutreffenden Schnittlage genannten Merkmale führen Sie weiter.

② Die nächsten Informationen finden Sie in den Farbbalken:
● Sind in Ihrer Holzprobe weder Poren noch Porenrillen, aber deutliche Jahresringe erkennbar, handelt es sich um ein Nadelholz.
● Weist Ihre Holzprobe Poren oder Porenrillen und mehr oder minder deutliche Jahresringe auf, kann es nur ein Laubholz sein.
● Sind in Ihrer Holzprobe Poren oder Porenrillen und Zuwachszonen vorhanden, haben Sie ein exotisches Laubholz vor sich.
Sie wissen jetzt, welcher Holzgruppe Ihre Holzprobe angehört.

③ Überprüfen Sie danach weitere Details: Harzkanäle, Ausbildung der Poren und Markstrahlen.
Eine Übereinstimmung der Erkennungsmerkmale in Ihrer Holzprobe mit jenen, die in der Tabelle angegeben sind, führt Sie entweder direkt zur gesuchten Holzart oder zu zwei möglichen Holzarten.

④ Ziehen Sie den in Frage kommenden Steckbrief zu Rate: Kontrollieren Sie mit Hilfe der Schnitt-Zeichnungen und ihrer Erläuterungen, ob Sie Ihre Holzprobe richtig bestimmt haben.

Holzbestimmungstabelle

Markante Erkennungsmerkmale im Hirn-, Flader- und Spiegelschnitt sowie im Stammaufbau.

Erkennungsmerkmale im Hirnschnitt	Erkennungsmerkmale im Fladerschnitt
ohne Poren; mit deutlichen **Jahresringen; Frühholz** überwiegt	**ohne Porenrillen;** mit deutlicher **Zeichnung**
mit **Harzkanälen** (Pünktchen)	mit **Harzkanälen** (feine Striche)
ohne **Harzkanäle**	ohne **Harzkanäle**
mit Poren; mehr oder weniger deutliche **Jahresringe**	**mit Porenrillen;** mehr oder weniger deutliche **Zeichnung**
ringporig; grobe **Poren**	grobe **Porenrillen; nadelrissig; Porenfladerung**
Markstrahlen deutlich	**Markstrahlen** deutlich
Markstrahlen nicht erkennbar	**Markstrahlen** nicht erkennbar
zerstreutporig; feine bis sehr feine **Poren**	feine bis sehr feine **Porenrillen**
Markstrahlen deutlich	**Markstrahlen** deutlich/mittel
Markstrahlen erkennbar	**Markstrahlen** kaum erkennbar
Markstrahlen kaum bis nicht erkennbar	**Markstrahlen** kaum bis nicht erkennbar; sehr kurz
Scheinmarkstrahlen erkennbar	**Scheinmarkstrahlen** erkennbar
zerstreutporig bis schwach ringporig; feine bis sehr feine **Poren**	feine bis sehr feine **Porenrillen;** schwache **Porenfladerung**
Markstrahlen kaum bis noch erkennbar; sehr fein	**Markstrahlen** kaum bis noch erkennbar; sehr kurz
mit Poren; erkennbare, jahresringähnliche **Zuwachszonen**	**mit Porenrillen;** undeutliche, verschwommene **Zeichnung**
ringporig bis schwach zerstreutporig; mittlere bis feine **Poren**	mittlere bis feine **Porenrillen; Porenfladerung** erkennbar
Markstrahlen kaum erkennbar	**Markstrahlen** kaum erkennbar
zerstreutporig; mittlere bis feine Poren	mittlere bis feine **Porenrillen**
Markstrahlen erkennbar	**Markstrahlen** noch erkennbar
zerstreutporig; grobe bis mittlere **Poren**	grobe bis mittlere **Porenrillen;** fast **nadelrissig**
Markstrahlen kaum erkennbar	**Markstrahlen** kaum erkennbar

Erläuterungen der Fachbegriffe: »Grundlagen der Holzbestimmung«, Seite 4 bis 14

Bei Stämmen **ohne** Kernfärbung ist ein **Scheinkern** möglich! → Seite 9

Erkennungsmerkmale im Spiegelschnitt	Stammaufbau	Kernfärbung im Stamm	Diese Holzart kann es sein	Seite
ohne Porenrillen; mit deutlicher **Streifung**		mit/ohne	**Nadelholz**	
mit **Harzkanälen** (feine Striche)	◉ ◉ ◎	deutlich keine	Kiefer Lärche Fichte	 24/26 22
ohne **Harzkanäle**	◉ ◎	deutlich keine	Eibe Tanne	28 20
mit Porenrillen; mehr oder weniger deutliche **Streifung**		mit/ohne	**Laubholz**	
grobe **Porenrillen; nadelrissig; Porenstreifung**				
Spiegel sehr deutlich	◉ ◉	deutlich	Eiche; Rüster	 30/34
Spiegel nicht erkennbar	◉	deutlich	Esche	32
feine bis sehr feine **Porenrillen**				
Spiegel sehr deutlich; mittel	◎	keine	Rotbuche	36
Spiegel deutlich; fein	○	keine	Ahorn	40
Spiegel kaum erkennbar; fein bis sehr fein	◉ ◉ ○ ◎ ◎	deutlich deutlich keine keine	Apfelbaum Zwetschgenbaum Birke; Linde Birnbaum	46 52 42/44 48
Scheinspiegel erkennbar	○	keine	Weißbuche	38
feine bis sehr feine **Porenrillen,** schwache **Porenstreifung**				
Spiegel erkennbar; fein	◉ ◉	deutlich deutlich	Kirschbaum Nußbaum	50 54
mit Porenrillen; undeutliche, verschwommene **Streifung**		deutlich	**Exotisches Holz**	
mittlere bis feine **Porenrillen; Porenstreifung** erkennbar		bei uns ist kaum Gelegenheit zum Vergleich, da nur Kernholzware im Handel angeboten wird		
Spiegel noch erkennbar	◉		Teak	58
mittlere bis feine **Porenrillen**	◉		Mahagoni	56
Spiegel erkennbar; fein	◉		Palisander	60
grobe bis mittlere **Porenrillen;** fast nadelrissig				
Spiegel kaum erkennbar	◉ ◉		Limba; Okoumé	62 64

Tanne
Reifholzbaum

Abies alba / Pinaceae
Weißtanne, Edeltanne

Stammdurchmesser 60 cm (bis 150 cm möglich).

Verwendung: Bau- und Konstruktionsholz (auch unter Wasser), chemische Behälter, Möbel, Blindholz, Furniere; meist im Handel mit Fichte 1:1 gemischt als Fi/Ta bezeichnet.
Querschnitt einfarbig wirkend.
Scheinkern möglich.
Eigenschaften:
Härte: weich; Spätholz etwas härter als bei Fichte.
Gewicht: 0,45 kg/dm^3.
Volumenschwindung: mäßig.
Standfestigkeit: gut; arbeitet mäßig; neigt aber zum Werfen und Reißen.
Wetterbeständigkeit: mäßig bis gering; Holzschutz!
Pilzanfälligkeit: frisch groß; Scheinkern durch Braunfäule; empfindlich gegen Bläuepilze; Holzschutz!
Insektenanfälligkeit: sehr groß; Holzschutz!
Geruch: säuerlich unangenehm (→ Fichte).
Bearbeitung: nicht immer gut; spröder und filziger als Fichte; splittert leicht; gut beiz- und beschichtbar.

Anmerkung: Dunkle Brettäste mit rundem Querschnitt (→ Fichte), die getrocknet leicht herausfallen (Ausbohren, Verstopseln); etwas elastisch; Hobelflächen matt-glanzlos; Spätholz etwas dunkler und härter als bei Fichte. Harzkanäle und Harzgallen fehlen.
Ähnliche Hölzer: *Nordmann-, Colorado-, Nikko-* oder *Scheitel-, Korea-, Silber-* und *Veitchstanne* (holzmäßig kaum zu unterscheiden). *Fichte* wird oft mit Tanne verwechselt (auf Harzkanäle achten).

Hirnschnitt
Maßstab 2:1

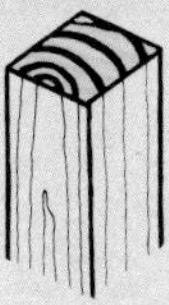
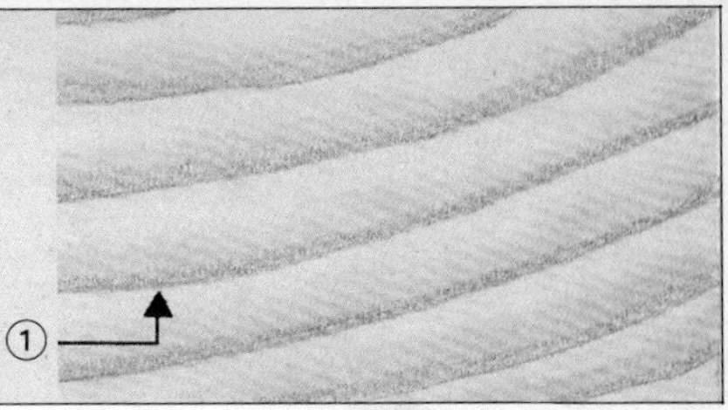

① *Jahresringe* deutlich; meist dunkler und mit größerem Spätholzanteil als bei Fichte; in der Regel einseitig etwas schärfer begrenzt.
2 *Harzkanäle* keine vorhanden.
3 *Markstrahlen* nicht sichtbar.

Fladerschnitt
Maßstab 1:1

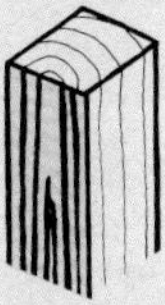

1 *Zeichnung* sehr deutlich; meist kräftiger als bei Fichte.
2 *Harzkanäle* keine vorhanden.
3 *Markstrahlen* nicht sichtbar.

Spiegelschnitt
Maßstab 1:1

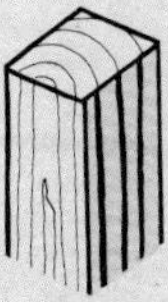

1 *Streifung* sehr deutlich; meist kräftiger als bei Fichte.
2 *Harzkanäle* keine vorhanden.
3 *Spiegel* nicht sichtbar.

Fichte
Reifholzbaum

Picea excelsa / Pinaceae
Rotfichte, Rottanne

Stammdurchmesser 60 cm (bis 180 cm möglich).

Verwendung: Bau- und Konstruktionsholz, Fenster, Türen, Innenausbau, Möbel, Blindholz, Leisten, Kisten, Furniere.
Querschnitt: einfarbig wirkender Stammquerschnitt.
Scheinkern möglich.
Eigenschaften:
Härte: weich.
Gewicht: etwa 0,42 kg/dm^3; stark schwankend.
Volumenschwindung: mäßig.
Standfestigkeit: ziemlich gut; arbeitet wenig.
Wetterbeständigkeit: mäßig witterungsfest; Holzschutz!
Pilzanfälligkeit: groß; Pilzangriff nicht selten; Holzschutz!
Insektenanfälligkeit: groß; Holzschutz!
Geruch: angenehm; schwach harzig (→ Tanne).
Bearbeitung: gut; gut leim-, schraub- und nagelbar; bei Beschichtungen Harzaustritt und Harzgallen beachten (Entfernen zum Beispiel durch Ausbrennen).

Anmerkung: Häufig schlecht eingewachsene Äste mit mehr oder minder ovalem Querschnitt (→ Tanne), die locker sitzen und zum Teil aus den Brettern fallen (Ausbohren, Verstopseln); mitunter dunkle Steckäste; oft linsenförmige Harzgallen, besonders deutlich auf Längsschnitten; der Harzgehalt schwankt je nach Alter und Standort, ist aber stets weitaus geringer als bei Kiefer oder Lärche. Neigung zum Werfen und Reißen. Schälrisse möglich.
Ähnliche Hölzer: *Blaufichte, Serbische Fichte, Sitka-Fichte, Nordische Fichte, Kaukasus-Fichte.* Sie sind unterschiedlich im Aussehen, jedoch nicht in den Makromerkmalen. *Tanne* wird oft mit Fichte verwechselt (auf Harzgehalt achten). Im Handel ist die Mischung Fi/Ta 1:1 erlaubt.

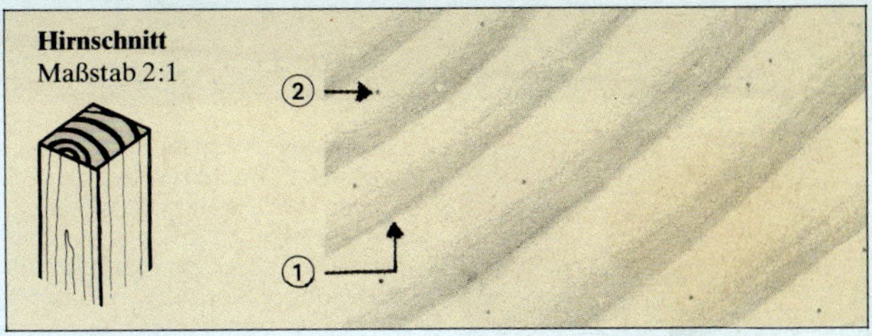

① *Jahresringe* deutlich bis blaß; eng bis sehr breit; Frühholz überwiegt; Spätholz meist einseitig etwas schärfer begrenzt.
② *Harzkanäle* nicht sehr zahlreich, aber erkennbar.
3 *Markstrahlen* kaum erkennbar 🔍.

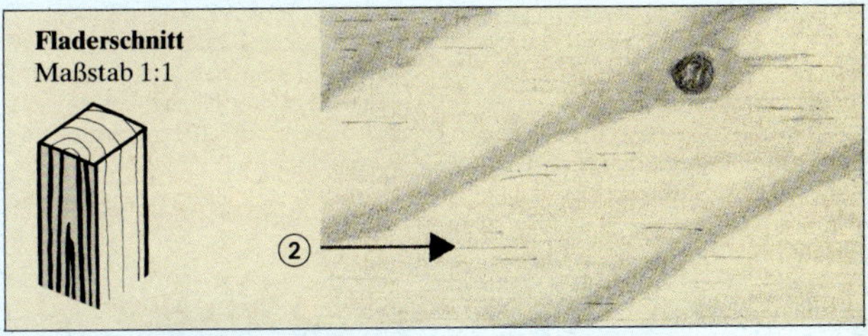

1 *Zeichnung* deutlich bis markant; fein bis flächig.
② *Harzkanäle* vereinzelte feine, dunkle Striche; kaum erkennbar 🔍.
3 *Markstrahlen* nicht erkennbar.
Anmerkung: Braun- oder Rotstreifigkeit möglich; auf gehobelten Flächen Seidenglanz möglich. Oben rechts Steckast.

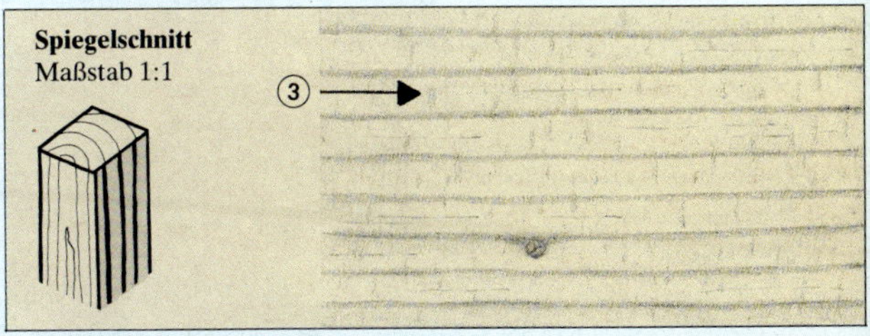

1 *Streifung* deutlich; fein bis breit; meist blasser als bei Kiefer oder Lärche.
2 *Harzkanäle* analog Fladerschnitt.
③ *Spiegel* sehr fein; kaum erkennbar 🔍; auf Bruchflächen deutlicher.
Anmerkung: analog Fladerschnitt. Unten kleiner Steckast.

Kiefer
Kernholzbaum

Pinus silvestris / Pinaceae
Gemeine Kiefer, Föhre, Waldkiefer

Stammdurchmesser 50 cm (bis 100 cm möglich).

Verwendung: Bau- und Konstruktionsholz, Wasserbau, Innenausbau, Möbel, Fußböden, Fenster und Türen, Schiffs- und Bootsbau, Blindholz, Furniere.
Querschnitt:
Kern frisch nicht so deutlich, später deutlich; nachdunkelnd. *Splint* mittelbreit bis breit; häufig blaustichig.
Eigenschaften: *Härte:* mittelhart.
Gewicht: stark schwankend, 0,35 bis 0,80 kg/dm^3.
Volumenschwindung: mäßig.
Standfestigkeit: ziemlich gut; arbeitet wenig.
Wetterbeständigkeit: bedingt bis mäßig; Holzschutz!
Pilzanfälligkeit: sehr groß; Bläuepilz im Splint; Holzschutz!
Insektenanfälligkeit: Splint sehr anfällig; Holzschutz! Kern ziemlich widerstandsfähig.
Geruch: aromatisch-harzig.
Bearbeitung: gut; gut schraub- und nagelbar; großer Harzgehalt; harzige Stellen und Harzgallen beim Beschichten und Beizen beachten (entharzen).

Anmerkung: Verblautes Kiefernholz darf als Bauholz verwendet werden (Bläueschutz); gehobelte Flächen mit wachsartigem bis mattem Glanz; allgemein geradfaserig. Bei stärkerer Wärmeeinwirkung ist mit Harzausschwitzungen zu rechnen.
Ähnliche Hölzer: *Schwarz-, Zirbel-* (viele gut eingewachsene Äste), *Weymouths-, Strand-, Aleppokiefer, Pinie, Pichpinie.* Mehr als 80 Arten (im Detail ja, holzmäßig kaum zu unterscheiden). Bei nordischen Qualitäten besonders gleichmäßige und engstehende Jahresringe. *Lärche* wird oft mit Kiefer verwechselt (besonders auf Jahresringbegrenzung achten).

Hirnschnitt
Maßstab 2:1

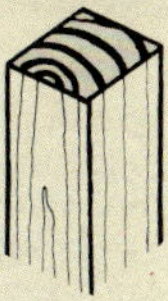
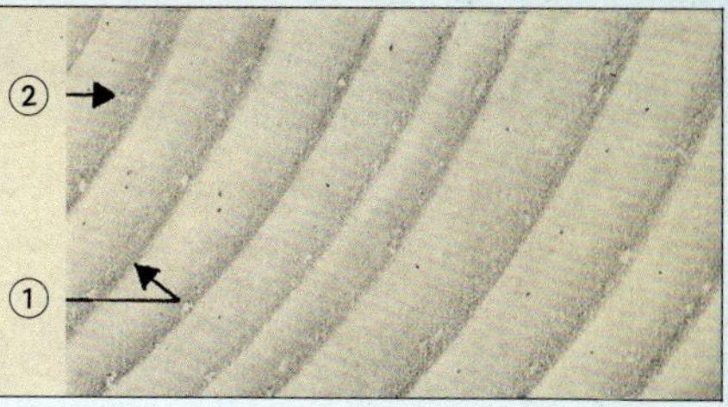

① *Jahresringe* sehr deutlich; unterschiedlich schmal bis breit; in der Regel einseitig scharf begrenzt.
② *Harzkanäle* zahlreich; groß; im Vergleich zu Lärche zwar größer, aber nicht so zahlreich.
3 *Markstrahlen* nicht erkennbar.

Fladerschnitt
Maßstab 1:1

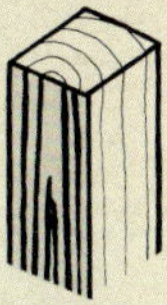
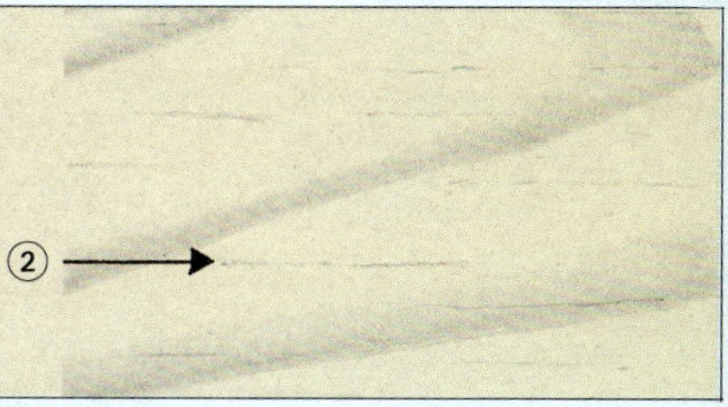

1 *Zeichnung* deutlich; fein bis grob; nicht so markant wie bei Lärche.
② *Harzkanäle* deutlich; groß; zahlreich.
3 *Markstrahlen* nicht erkennbar.
Anmerkung: Harzgallen und harzige Stellen möglich.

Spiegelschnitt
Maßstab 1:1

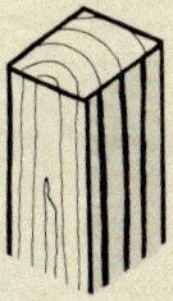

1 *Streifung* deutlich; unterschiedlich schmales bis breites Spätholz.
② *Harzkanäle* deutlich; groß; zahlreich.
3 *Spiegel* undeutlich; kaum zu erkennen.
Anmerkung: analog Fladerschnitt.

Lärche
Kernholzbaum

Larix decidua / Pinaceae
Europäische Lärche

Stammdurchmesser 90 cm (bis 100 cm möglich).

Verwendung: Konstruktionsholz, Außenverkleidung, Wasser- und Brückenbau, Fußböden, Außentüren, Fenster, Möbel, Schiffs- und Bootsbau, Schindeln, Furniere.

Querschnitt:
Kern deutlich; stark nachdunkelnd.
Splint: schmal; sehr viel heller als der Kern.

Eigenschaften:
Härte: mittelhart.
Gewicht: etwa 0,56 kg/dm^3.
Volumenschwindung: mäßig.
Standfestigkeit: gut; arbeitet wenig; neigt gelegentlich zum Reißen und Werfen.
Wetterbeständigkeit: mäßig.
Pilzanfälligkeit: ziemlich gering.
Insektenanfälligkeit: Kern = ziemlich widerstandsfähig. Splint = sehr anfällig.
Geruch: stark aromatisch.
Bearbeitung: gut; gut schraub-, nagel- und polierbar; Kernholz schwer imprägnierbar; die Arbeit mit dem Putzhobel erfordert einiges Können; großen Harzgehalt beim Beschichten beachten; lange Trockenzeit.

Anmerkung: Lärche ist nie verblaut; Exzenterwuchs und Faserdrehung nicht selten; häufig eingewachsene Trockenäste; Hobelflächen matt bis glänzend; bei Erdberührung, unter Wasser und bei Säureeinwirkung dauerhaft.

Ähnliche Hölzer: *Kiefer* wird oft mit Lärche verwechselt (besonders auf Jahresringbegrenzung achten).

Hirnschnitt
Maßstab 2:1

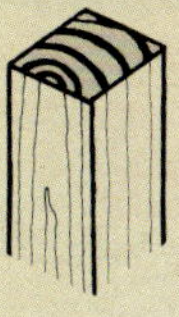

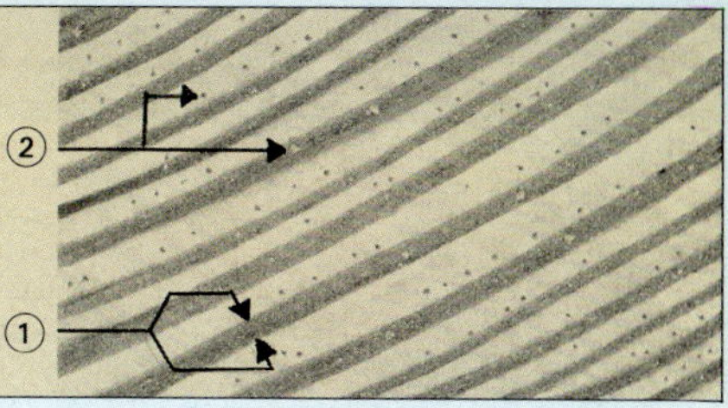

① *Jahresringe* sehr deutlich; das engringige – manchmal breite – Spätholz beidseits scharf begrenzt; gleichmäßiger Wuchs.
② *Harzkanäle* deutlich; zahlreicher, aber feiner als bei Kiefer.
3 *Markstrahlen* nicht erkennbar.
Anmerkung: Jahresringbreiten je nach Standort und Klima.

Fladerschnitt
Maßstab 1:1

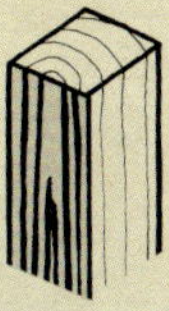

1 *Zeichnung* sehr deutlich; ausdrucksvoll und dekorativ.
② *Harzkanäle* als sehr feine, dunkle Striche erkennbar 🔍.
3 *Markstrahlen* nicht erkennbar.
Anmerkung: öfters harzige Stellen und Harzgallen.

Spiegelschnitt
Maßstab 1:1

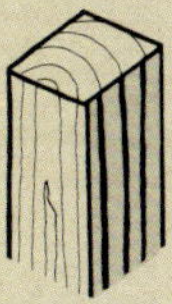

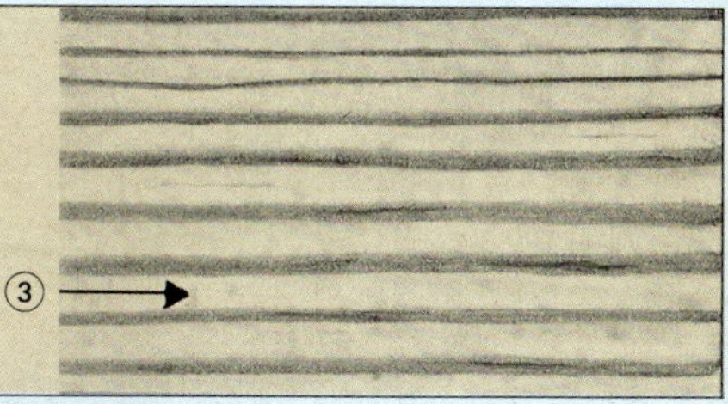

1 *Streifung* sehr deutlich; meist gleichmäßig.
2 *Harzkanäle* als sehr feine, dunkle Striche erkennbar 🔍.
③ *Spiegel* sehr fein; kaum erkennbar 🔍.
Anmerkung: analog Fladerschnitt.

Eibe
Kernholzbaum

Taxus baccata / Taxaceae
Gemeine Eibe

Stammdurchmesser 20 cm (bis 80 cm möglich).

Verwendung: Möbelbau, Drechsler- und Bildhauerholz, Furniere, früher für Armbrüste verwendet.
Herkunft: Kleinasien, Nordafrika, beschränkt auch Europa.
Querschnitt:
Kern sehr deutlich; nachdunkelnd.
Splint sehr schmal; wertlos.
Eigenschaften:
Härte: ziemlich hart.
Gewicht: 0,59 bis 0,67 kg/dm^3.
Volumenschwindung: gering.
Standfestigkeit: gut; arbeitet gering.
Wetterbeständigkeit: wetterfest; sehr dauerhaft.
Pilzanfälligkeit: bedingt beständig.
Insektenanfälligkeit: gering.
Geruch: neutral.
Bearbeitung: gut; gut polierbar; bei Beschichtung Ölgehalt des Holzes beachten.

Anmerkung: Eibenholz ist besonders dicht, sehr zäh und sehr elastisch; geringe Bestände, daher selten im Handel erhältlich. Die langsamwüchsige Eibe steht in Deutschland unter Naturschutz. Bäume auf günstigem Standort können ein Alter bis über 2000 Jahre erreichen.
Ähnliche Hölzer: Oberflächlich betrachtet, könnte Eibe mit *Obsthölzern* verwechselt werden (genau hinsehen, keine Poren bei der Eibe und keine Harzkanäle!).

Hirnschnitt
Maßstab 2:1

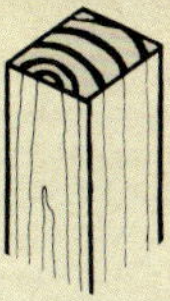
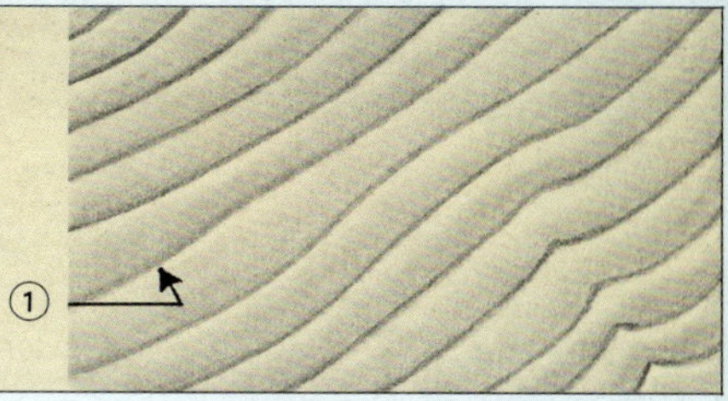

① *Jahresringe* deutlich; feinringig; Spätholz dunkel und einseitig scharf begrenzt; oft welliger Jahresringverlauf; Frühholz überwiegt.
2 *Harzkanäle* fehlen.
3 *Markstrahlen* sehr fein; kaum erkennbar 🔍.
Anmerkung: oft spannrückig.

Fladerschnitt
Maßstab 1:1

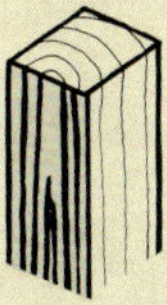
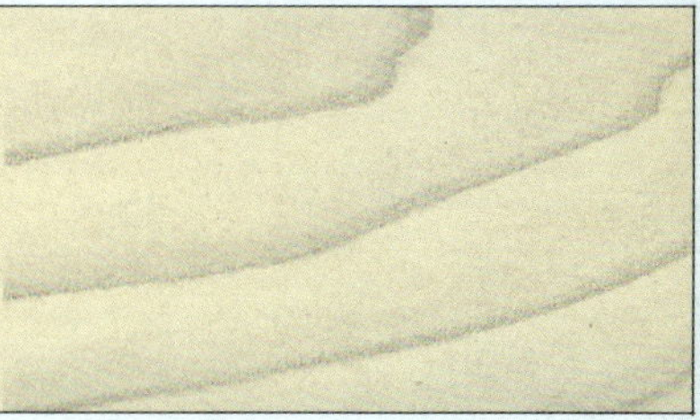

1 *Zeichnung* deutlich; fein; markant; sehr dekorativ.
2 *Harzkanäle* fehlen.
3 *Markstrahlen* nicht erkennbar.
Anmerkung: gut eingewachsene Äste.

Spiegelschnitt
Maßstab 1:1

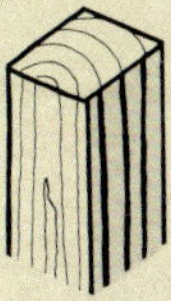

1 *Streifung* deutlich; engstehend.
2 *Harzkanäle* fehlen.
3 *Spiegel* undeutlich bis nicht erkennbar 🔍.

Eiche
Kernholzbaum

Quercus robur / Fagaceae
Stiel- oder Sommereiche

Stammdurchmesser 80 cm (bis 100 cm möglich).

Verwendung: *Milde Eiche* für Innenausbau, Möbel, Bildhauer, Rahmen, Furniere. *Harte Eiche* für hochwertige Konstruktionen, Außen-, Innen-, Brücken- und Bootsbau, Parkett, Fenster, Türen.
Querschnitt:
Kern deutlich; nachdunkelnd.
Splint schmal; wertlos.
Eigenschaften:
Härte: hart.
Gewicht: 0,69 bis 0,73 kg/dm^3.
Volumenschwindung: mäßig.
Standfestigkeit: ziemlich gut; arbeitet gering bis mittel.
Wetterbeständigkeit: wetterfest; beständig auch bei Bodenberührung, bei wechselnder Feuchtigkeit und unter Wasser.
Pilzanfälligkeit: pilzfest.
Insektenanfälligkeit: ziemlich insektenfest; in altem Holz Pochkäferangriff möglich.
Geruch: etwas streng durch hohen Gerbsäuregehalt.
Bearbeitung: gut; gut beiz- und imprägnierbar.

Anmerkung: Eisenberührung verfärbt feuchtes Holz; Stahlnägel und Schrauben rosten; Kalkeinwirkung erzeugt schwer entfernbare Flecken; längere Einwirkung feuchter Eichenspäne auf Kunst- oder Naturstein hinterläßt irreparable Flecken.
Praktische Unterscheidung: Milde Eiche = engringig, daher weicher und leichter; *Harte Eiche* = breitringiger, daher etwas härter und schwerer. Eiche ist schwer entflammbar; ab 4 cm Dicke feuerhemmend.
Ähnliche Hölzer: *Trauben-, Winter-, Stein- oder Spessarteiche*, in den Makromerkmalen fast gleich, nur *Roteiche* ist etwas spröder. Mooreiche ist keine eigene Art, vielmehr sind dies Eichen, die jahrhundertelang im Moor lagerten oder unter Wasser die dunkle Färbung angenommen haben.
Holzarten, die mit Eiche verwechselt werden können: *Esche* (auf Markstrahlen oder Spiegel achten); *Rüster* (auf Markstrahlen und Spiegelbreite achten); *Limba* (Zuwachszonen, Porenanordnung und Spiegel beachten).

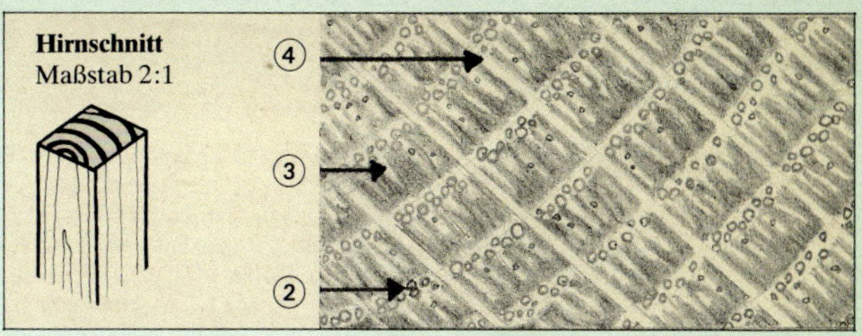

1 *Jahresringe* sehr deutlich; Spätholz überwiegt; eng- bis breitringig.
② *Poren* grob im Frühholz; <u>ringporig;</u> im Spätholz sehr fein von radialen Speicherzellen umgeben 🔍.
③ *Speicherzellen* als radiale, helle Bändchen erkennbar 🔍.
④ *Markstrahlen* <u>sehr deutlich;</u> breite (über 1 mm), helle radiale Linien.

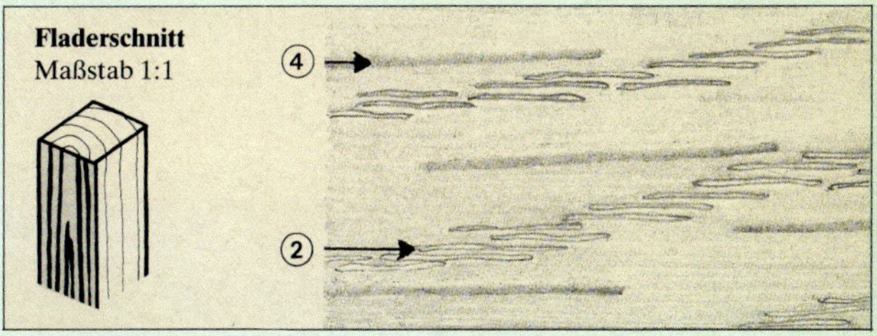

1 *Zeichnung* sehr deutlich; typische <u>Porenflader.</u>
② *Porenrillen* grob; nadelrissig; öfters verthyllt.
3 *Speicherzellen* nicht erkennbar.
④ *Markstrahlen* deutlich; dunkle, mäßig breite Linien 2 bis 3 cm lang.
Anmerkung: gut eingewachsene, zum Teil innenrissige Äste.

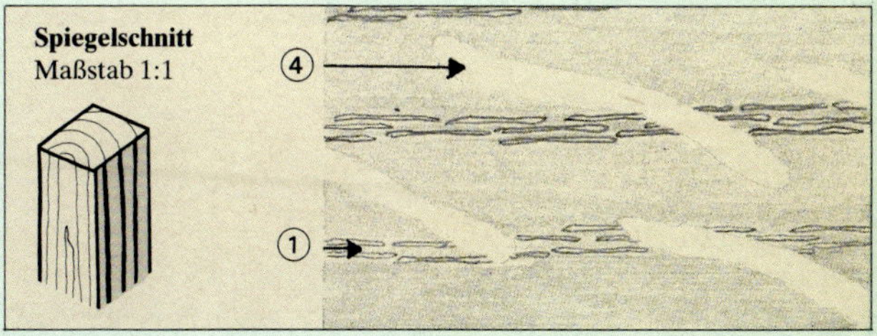

① *Streifung* sehr deutlich; typische <u>Porenstreifung.</u>
2 *Porenrillen* analog Fladerschnitt.
3 *Speicherzellen* nicht erkennbar.
④ *Spiegel* <u>sehr deutlich;</u> breit, lang und glänzend; oft etwas gewunden.

Die Schnittzeichnungen zeigen eine »Harte Eiche«.

Esche
Kernholzbaum

Fraxinus excelsior / Oleaceae
Gemeine Esche

Stammdurchmesser 50 cm (bis 100 cm möglich).

Verwendung: Möbel, Innenausstattung, Fußboden, Turn- und Sportgeräte, Wagen- und Bootsbau, Werkzeugstiele, Furniere.
Querschnitt:
Kern in der Farbe nicht immer deutlich, bei älteren Bäumen aber deutlicher.
Splint sehr breit.
Eigenschaften:
Härte: hart.
Gewicht: 0,40 bis 0,82 kg/dm^3.
Volumenschwindung: mäßig.
Standfestigkeit: ziemlich gut; arbeitet wenig.
Wetterbeständigkeit: mäßig; Holzschutz! Im Trockenen dagegen sehr dauerhaft.
Pilzanfälligkeit: ziemlich beständig; jedoch gegen Verfärbung nur bedingt beständig.
Insektenanfälligkeit: groß; Splintkäferbefall häufig.
Geruch: mitunter eigenartig aromatisch-süßlich.
Bearbeitung: relativ gut; schwere Qualitäten neigen beim Hobeln zum Ausreißen, engringige Esche ist besser zu bearbeiten.

Anmerkung: Hoch elastisch; breitringige Esche ist fester und zäher; Hobelflächen mattglänzend; manchmal welliger Faserverlauf.
Ähnliche Hölzer: *Ungarische Esche* oder *Riegelesche* (welliger Faserverlauf, besonders dekorativ), *Oliv-Esche* (keine eigene Art, sondern Holz mit Braunkern, olivfarbige Zeichnung), unterscheiden sich nur in Details. *Japanische Sen-Esche* ist eine irreführende Bezeichnung, da Sen keine Eschenart ist.

Hirnschnitt
Maßstab 2:1

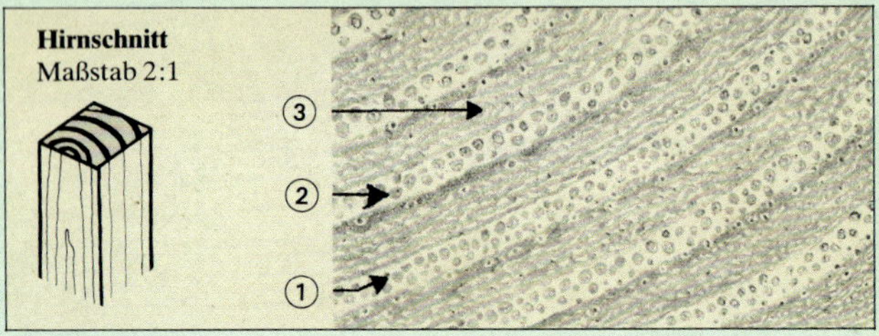

① *Jahresringe* deutlich ausgeprägt, unterstützt von Ringporigkeit.
② *Poren* grob; ringporig; mehrreihig im Frühholz; im Spätholz sehr fein 🔍.
③ *Speicherzellen,* lockere helle Felder bandartig um die Spätholzporen.
4 *Markstrahlen* sehr fein; kaum bis nicht erkennbar 🔍.
Anmerkung: gelegentlich tangentiale, bandartige Streifen und Flecken.

Fladerschnitt
Maßstab 1:1

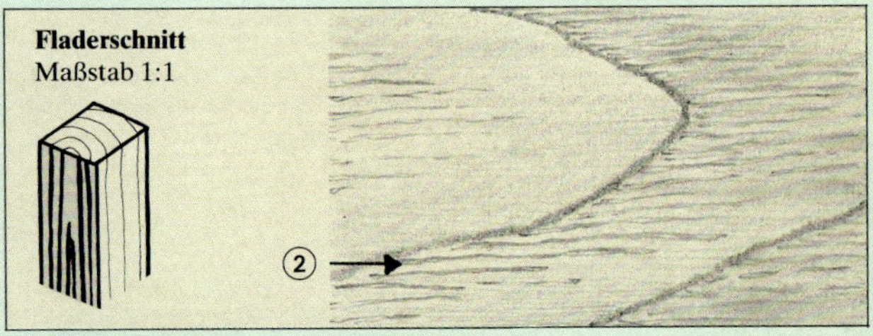

1 *Zeichnung* deutlich durch Porenfladerung.
② *Porenrillen* im Frühholz grob; schwach nadelrissig; oft verthyllt.
3 *Speicherzellen* nicht erkennbar.
4 *Markstrahlen* nicht erkennbar.
Anmerkung: Zonen unterschiedlicher Farbintensität möglich.

Spiegelschnitt
Maßstab 1:1

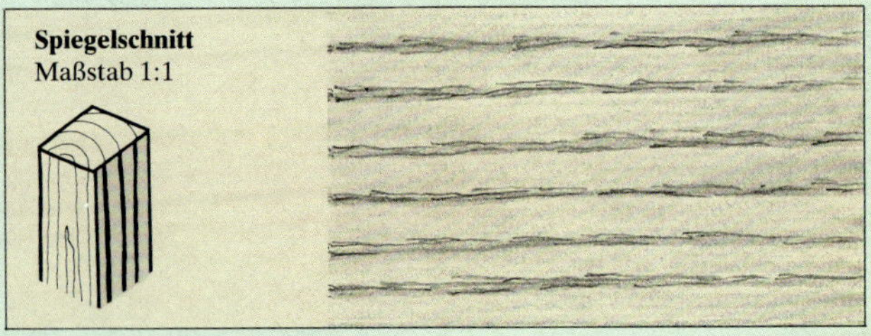

1 *Streifung* deutlich durch Porenstreifung.
2 *Porenrillen* analog Fladerschnitt.
3 *Speicherzellen* nicht erkennbar.
4 *Spiegel* nicht erkennbar.
Anmerkung: analog Fladerschnitt.

Rüster
Reifkernholzbaum

Ulmus carpinifolia / Ulmaceae
Rotulme (Feldulme)

Stammdurchmesser 60 cm (bis 150 cm möglich).

Verwendung: Möbel, Innenausbau, Parkett, Treppen, Drechsler- und Schnitzerholz, Furniere.
Querschnitt:
Kern deutlich; ziemlich nachdunkelnd.
Reifholz in der Regel etwas dunkler als der Splint, aber heller als der nachgedunkelte Kern.
Splint schmal (bei Feldulme); breit (bei Berg- und Flatterulme).
Eigenschaften:
Härte: hart.
Gewicht: 0,64 kg/dm^3.
Volumenschwindung: mäßig (vorsichtig trocknen).
Standfestigkeit: ziemlich gut; arbeitet wenig.
Wetterbeständigkeit: gering.
Pilzanfälligkeit: ziemlich groß.
Insektenanfälligkeit: sehr groß; Holzschutz!
Geruch: charakteristisch; nicht immer angenehm.
Bearbeitung: unterschiedlich, meist gut; gut leim-, schraub-, nagel-, drechsel-, messer- und schälbar. Vorsichtig trocknen.

Anmerkung: Festes, zähes, elastisches Holz; Hobelflächen mattglänzend, besonders im Spiegelschnitt; das Holz der Ulme wird allgemein Rüster genannt.
Ähnliche Hölzer: *Berg-, Flatter-* oder *Weißulme* (das poröse Holz ist nicht so wertvoll). Kaum Qualitätsunterschiede zwischen den *Ulmus*-Arten. Allgemein wird jedoch das Holz der Feldulme bevorzugt. *Slovenische Rüster, Holländische Rüster* und ähnliches sind Provenienz-Bezeichnungen. *Kirsche* wird manchmal mit Rüster verwechselt (genau hinsehen, besonders auf Poren- und Spiegelgröße sowie im Fladerschnitt auf Poren-Zickzackbänder achten).

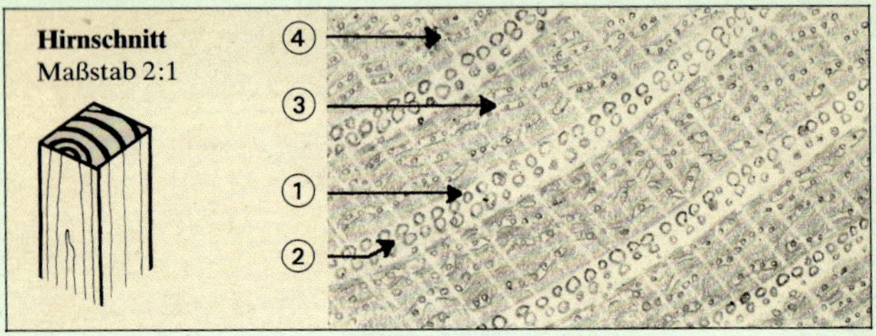

① *Jahresringe* deutlich durch Spätholz und Ringporigkeit.
② *Poren* grob, im Frühholz in mehrreihigen Ringen; im Spätholz sehr fein, in den hellen Speicherzellen kaum erkennbar 🔍.
③ *Speicherzellen* bilden konzentrische, helle Wellenlinien oder Pünktchen.
④ *Markstrahlen* sehr fein, zahlreich, schwach erkennbar 🔍.

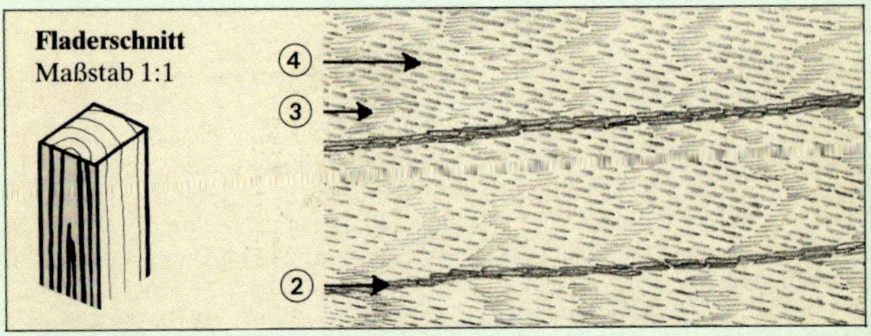

1 *Zeichnung* deutlich; betont durch Porenfladerung.
② *Porenrillen* grob; leicht nadelrissig im Frühholz, oft verthyllt; Spätholzporen in den Zickzackbändern der Speicherzellen kaum erkennbar 🔍.
③ *Speicherzellen* als Zickzackbänder mit eingeschlossenen Spätholzporen.
④ *Markstrahlen* fein, kurz, zahlreich, noch erkennbar 🔍.

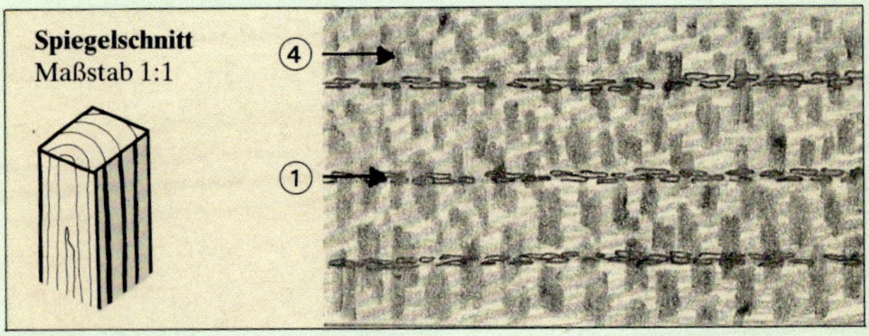

① *Streifung*, deutliche Porenstreifung.
2 *Porenrillen* analog Fladerschnitt.
3 *Speicherzellen* kaum oder nicht erkennbar 🔍.
④ *Spiegel* zahlreich, mäßig breit bis schmal von verschiedener Länge (bis 5 mm), dunkelglänzend.

Rotbuche

Reifholzbaum

Fagus sylvatica / Fagaceae
Gemeine Buche

Normale Rotbuche. Stammdurchmesser 60 cm (bis 80 cm möglich).

Rotbuche mit Scheinkern. Stammdurchmesser 70 cm (bis 80 cm möglich).

Verwendung: Konstruktionsholz für Innenausbau, Parkett, Schicht- und Preßholz, Werkbänke, Massenartikel, Biegeholz, Furniere. Ein sehr vielseitig verwendbares Holz.

Querschnitt: einfarbig wirkender Stammquerschnitt.
Scheinkern bei älteren Bäumen möglich.

Eigenschaften:
Härte: hart.
Gewicht: etwa 0,68 kg/dm^3.
Volumenschwindung: stark.
Standfestigkeit: gering bis mäßig; neigt zum Werfen und Reißen.
Wetterbeständigkeit: sehr gering; Holzschutz!
Pilzanfälligkeit: sehr gefährdet; Holzschutz!
Insektenanfälligkeit: ziemlich widerstandsfähig.
Geruch: neutral.
Bearbeitung: gut; gut beiz-, imprägnierbar (nicht so der Scheinkern), beschicht- und leimbar; Schraub- und Nagellöcher vorbohren; gedämpft ist das Holz leichter zu bearbeiten.

Anmerkung: Das Holz nur „Buche" zu nennen, sollte zur besseren Unterscheidung vermieden werden (→ Weißbuche). Rotkern nur beschränkt für Verarbeitung zulässig. Dämpfen entschärft die Neigung zum Werfen und Reißen und erzielt eine gleichmäßig fleischrote Holzfarbe. Rotbuche ist kurzfaserig; oft wimmriger Wuchs. Verstockt leicht bei Feuchtigkeitseinfluß. Hobelflächen mattglänzend.
Ähnliche Hölzer: *Blutbuche, Trauerbuche* (makroskopisch gleich).
Keine Ähnlichkeit mit *Weißbuche!*

Hirnschnitt
Maßstab 2:1

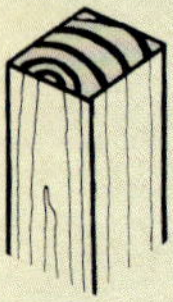

1 *Jahresringe* wenig ausgeprägt; noch erkennbar; mitunter wellig.
2 *Poren* fein; sehr zahlreich; kaum erkennbar 🔍; zerstreutporig; Porendurchmesser im Früh- oder Spätholz kaum unterschiedlich groß.
3 *Speicherzellen* nicht erkennbar.
④ *Markstrahlen* deutlich; 0,1 bis 1,0 mm breite helle Linien.

Fladerschnitt
Maßstab 1:1

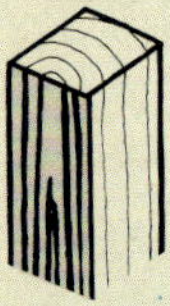

1 *Zeichnung:* schlicht; noch erkennbar.
2 *Porenrillen* fein; kaum bis nicht erkennbar 🔍.
3 *Speicherzellen* nicht erkennbar.
④ *Markstrahlen* deutliche, dunkle, 2 bis 5 mm lange, beidseits zugespitzte Striche; zahlreich; stockwerkartig.

Spiegelschnitt
Maßstab 1:1

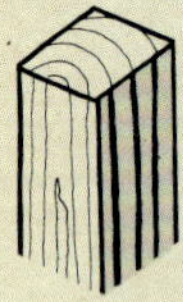

1 *Streifung* kaum erkennbar; gedämpft etwas deutlicher.
2 *Porenrillen* analog Fladerschnitt.
3 *Speicherzellen* nicht erkennbar.
④ *Spiegel* sehr deutlich; das Holzbild stark beeinflussend; bei entsprechender Schnittlage schachbrettartig.

Weißbuche
Splintholzbaum

Carpinus betulus / Betulaceae
Hain-, Hage- oder Hornbuche

Stammdurchmesser 30 cm (bis 80 cm möglich).

Verwendung: Werkzeugteile (Hobelsohlen), Maßstäbe, Drechslerholz; als Bau- oder Tischlerholz nicht geeignet.
Querschnitt: einfarbig wirkender Stammquerschnitt.
Eigenschaften:
Härte: hart.
Gewicht: etwa 0,79 kg/dm^3.
Volumenschwindung: stark.
Standfestigkeit: gering; neigt zum Werfen und Reißen; arbeitet mittelmäßig.
Wetterbeständigkeit: gering; im Trockenen und unter Wasser dauerhaft.
Pilzanfälligkeit: sehr gefährdet.
Insektenanfälligkeit: ziemlich widerstandsfähig.
Geruch: neutral.
Bearbeitung: gut; gut beiz-, leim-, schraub-, nagel-, profilier-, drechsel- und polierbar.

Anmerkung: Das säurebeständige, sehr feste und zähe Weißbuchenholz besitzt einen hohen Abnutzungswiderstand. Das härteste Nutzholz unseres Landes.
Ähnliche Hölzer: Schwarzgebeizte Weißbuche wird manchmal als »Ebenholz« angeboten. Keine Ähnlichkeit mit *Rotbuche* – weder botanisch noch in Holzbild oder Eigenschaften!

Rinde einer Weißbuche.

Hirnschnitt
Maßstab 2:1

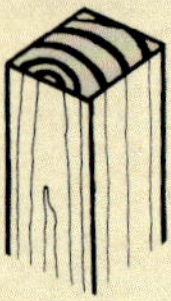

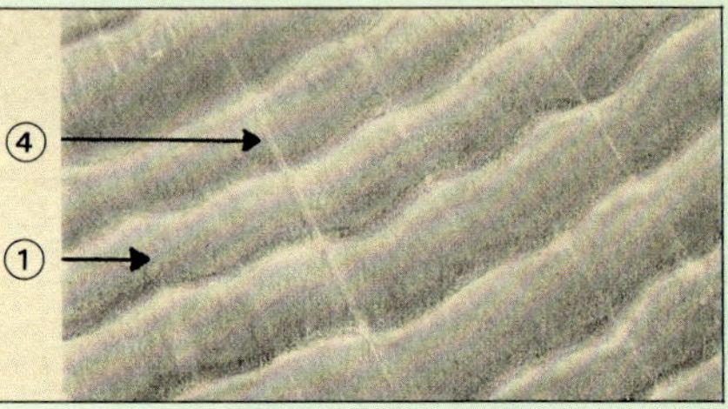

① *Jahresringe* nicht immer deutlich; oft ungleich breit und wellig-bogig.
2 *Poren* fein; nicht zahlreich; zerstreutporig; kaum erkennbar Q.
3 *Speicherzellen* als tangentiale Bändchen nicht erkennbar.
④ *Markstrahlen;* falsche Markstrahlen etwa 1,0 mm breit, erkennbar. *Anmerkung:* oft spannrückig.

Fladerschnitt
Maßstab 1:1

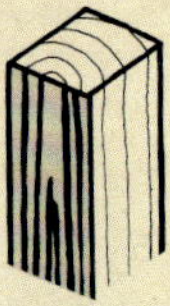

1 *Zeichnung* schlicht; ausgefranst.
2 *Porenrillen* nur selten erkennbar Q.
3 *Speicherzellen* nicht erkennbar.
④ *Markstrahlen*; falsche Markstrahlen als unscharf begrenzte, dunkle Striche erkennbar. *Anmerkung:* Faserverlauf oft unregelmäßig.

Spiegelschnitt
Maßstab 1:1

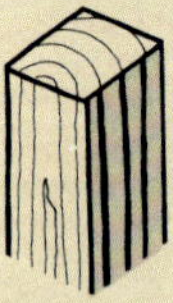

1 *Streifung* undeutlich; kaum erkennbar.
2 *Porenrillen* nur selten erkennbar Q.
3 *Speicherzellen* nicht erkennbar.
④ *Spiegel;* Scheinspiegel undeutlich, unscharf begrenzt, nur wenig dunkler als das übrige Holz. Nicht glänzend. *Anmerkung:* analog Fladerschnitt.

Ahorn

Splintholzbaum

Acer pseudoplatanus / Aceraceae
Gemeiner Ahorn, Bergahorn, Weißer Ahorn

Stammdurchmesser 70 cm (bis 100 cm möglich).

Verwendung: Ausstattungsholz, Möbel, Tischplatten, Drechsler- und Schnitzerholz, Furniere.
Querschnitt: einfarbig wirkender Stammquerschnitt.
Scheinkern selten.
Eigenschaften:
Härte: hart bis mittelhart.
Gewicht: etwa 0,60 kg/dm^3.
Volumenschwindung: mäßig.
Standfestigkeit: gut; neigt etwas zum Werfen und Reißen.
Wetterbeständigkeit: nicht beständig.
Pilzanfälligkeit: anfällig für Pilzverfärbungen.
Insektenanfälligkeit: ziemlich beständig.
Geruch: neutral.
Bearbeitung: gut; gut beiz-, färb-, leim-, schraub-, nagel-, profilier-, schnitz- und drechselbar.

Anmerkung: Ahornholz vergilbt stark an Licht und Luft, ist fest, zäh, elastisch und ziemlich biegsam. Hobelflächen glänzend. Das an sich geradfaserige Holz zeigt oft einen abweichenden und welligen Faserverlauf, wodurch sich ausgeprägte, grobe bis feine Flammungen und Riegel (Riegelahorn) ergeben. Luftmangel führt zum Vergrauen.
Ähnliche Hölzer: *Spitz-, Feld-* und *Silberahorn* (frische Flächen atlasglänzend) unterscheiden sich im Holz kaum, aber in der frischen Farbe. Am meisten verwendet werden Berg- und Spitzahorn, Feldahorn ist weniger begehrt. *Riegelahorn* = Holz mit besonders vielen Riegeln. *Zucker- oder Vogelaugenahorn* = als Schälfurnier sehr dekorativ durch zahlreiche kleine, nicht vollentwickelte Äste und wirren Faserverlauf. *Birke* (auf Markstrahlen, Spiegel und Markflecken achten) und *Linde* (Härte und Spiegel beachten) können mit Ahorn verwechselt werden.

Hirnschnitt
Maßstab 2:1

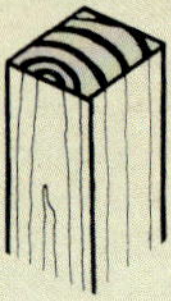

① *Jahresringe* schwach erkennbar; Grenzen undeutlich; Spätholz besonders schmal und wenig dunkler; bei Spitzahorn oft feinwellig.
2 *Poren* sehr fein 🔍; zerstreutporig.
3 *Speicherzellen* nicht erkennbar.
④ *Markstrahlen* fein; zahlreich, gut erkennbar; bei Feldahorn wenig auffällig.

Fladerschnitt
Maßstab 1:1

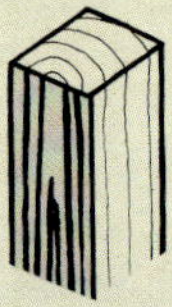

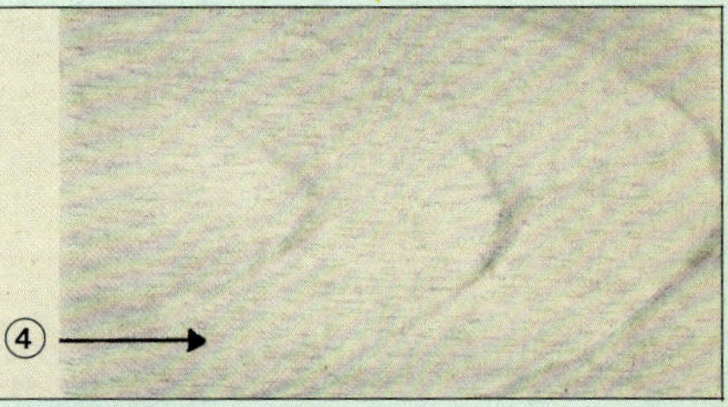

1 *Zeichnung* wenig ausgeprägt bis undeutlich.
2 *Porenrillen* kaum bis nicht erkennbar 🔍.
3 *Speicherzellen* nicht erkennbar.
④ *Markstrahlen* fein, kurz (0,6 bis 1,5 mm); als dunkle Striche erkennbar 🔍.
Anmerkung: häufig mehr oder minder zahlreiche Riegel (Wimmerwuchs).

Spiegelschnitt
Maßstab 1:1

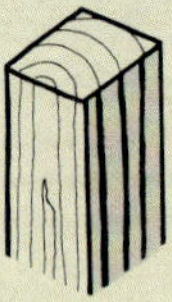

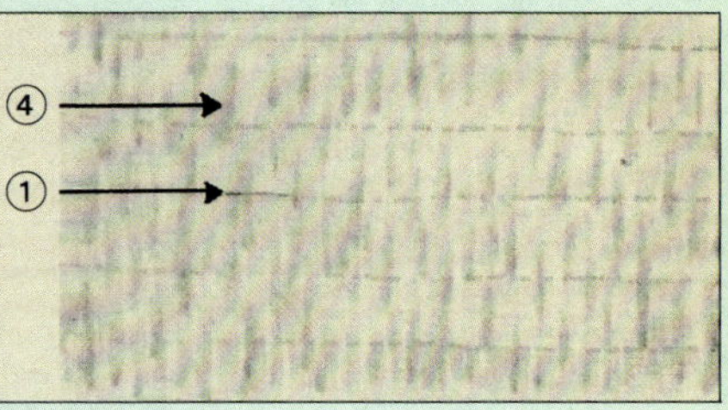

① *Streifung* fein; nicht immer deutlich.
2 *Porenrillen* kaum bis nicht erkennbar 🔍.
3 *Speicherzellen* nicht erkennbar.
④ *Spiegel* dicht beieinanderliegend; glänzend; schmal (1,5 mm); meist bandartige Streifen bildend; gut erkennbar.

Birke
Splintholzbaum

Betula verrucosa / Betulaceae
Gemeine Birke, Weiß-, Hänge- oder Sandbirke

Stammdurchmesser 20 cm (bis 80 cm möglich).

Verwendung: Möbel, Parkett, Drechslerholz, Galanteriewaren, Blasinstrumente, Sperrholz, Furniere.
Querschnitt: einfarbig wirkender Stammquerschnitt.
Scheinkern oft möglich; stark nachdunkelnd.
Eigenschaften:
Härte: mittelhart, keineswegs weich.
Gewicht: 0,45 bis 0,80 kg/dm^3.
Volumenschwindung: mäßig.
Standfestigkeit: mäßig gut; arbeitet wenig; beim Trocknen Neigung zum Werfen.
Wetterbeständigkeit: nicht beständig; Holzschutz!
Pilzanfälligkeit: anfällig für Pilzverfärbung.
Insektenanfälligkeit: sehr gefährdet; Holzschutz!
Geruch: neutral.
Bearbeitung: gut; gut beiz-, färb-, profilier-, messer-, schäl- und polierbar. Vorsichtig trocknen.

Anmerkung: Birkenholz ist biegsam, zäh und elastisch; häufig zahlreiche Markflecken (Braunflekken); öfters Riegel; auf Hobelflächen Seidenglanz; neigt zum Werfen und zur Rißbildung; »Schwedische Wurzelmaser« wird aus dem Wurzelansatz geschnitten.
Ähnliche Hölzer: *Moor-, Schwedische Haar- und Ruchbirke;* geringe Qualitätsunterschiede der Arten, Holz kaum zu unterscheiden. *Geflammte Birke* = Holz mit welligem Faserverlauf; *Nordische Maserbirke* = Holz mit wirrem Faserverlauf und vielen Markflecken; meist als Schälfurnier verwendet. *Ahorn* wird oft mit Birke verwechselt (auf Markstrahlen und Spiegel achten).

Hirnschnitt
Maßstab 2:1

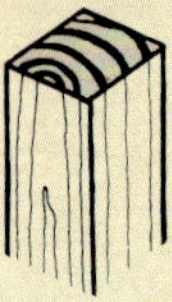

① *Jahresringe* undeutlich bis kaum erkennbar; *Scheinkern* möglich.
2 *Poren* sehr fein bis mittel; zerstreutporig; zahlreich in radialen Gruppen 🔍.
3 *Speicherzellen* nicht erkennbar.
4 *Markstrahlen* sehr schmal; zahlreich; kaum erkennbar 🔍.

Fladerschnitt
Maßstab 1:1

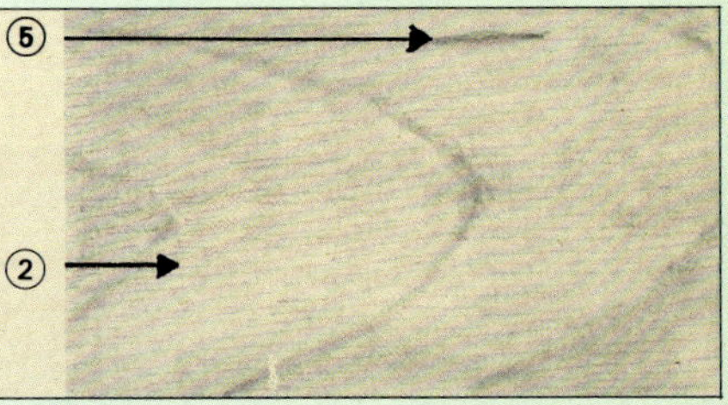

1 *Zeichnung* schlicht bis dekorativ; meist erkennbar.
② *Porenrillen* sehr fein; kaum bis noch erkennbar 🔍.
3 *Speicherzellen* nicht erkennbar.
4 *Markstrahlen* kaum bis nicht erkennbar 🔍.
⑤ *Anmerkung:* oft Markflecken, Riegel und unregelmäßig welliger Faserverlauf.

Spiegelschnitt
Maßstab 1:1

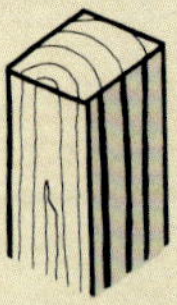

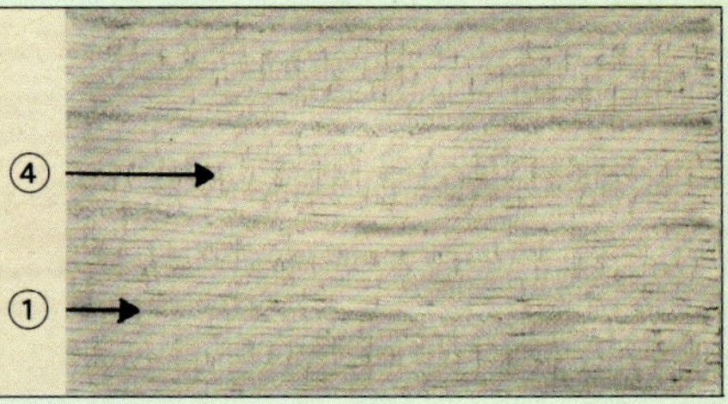

① *Streifung* schwach erkennbar.
2 *Porenrillen* sehr fein, kaum bis noch erkennbar 🔍.
3 *Speicherzellen* nicht erkennbar.
④ *Spiegel* fein; unauffällig; deutlich bis undeutlich 🔍.
Anmerkung: als Schälfurnier wolkig bis schlicht.

Linde
Reifholzbaum

Tilia cordata / Tiliaceae
Winter-, Wald- oder Spätlinde

Linde mit typischen Kernrissen. Stammdurchmesser 70 cm (bis 120 cm möglich).

Verwendung: Schnitz- und Drechslerholz, Spielwaren, Modellbau, Musikinstrumente und Orgelbau, Behälter für geruchsempfindliche Waren, Zeichenbretter, Blindholz, Absperrfurnier.
Querschnitt: einfarbig wirkender Stammquerschnitt.
Eigenschaften:
Härte: weich (aber schnittstabil).
Gewicht: 0,30 bis 0,55 kg/dm^3.
Volumenschwindung: stark.
Standfestigkeit: ziemlich gut; arbeitet mittelmäßig; stark schwindend, aber ausgetrocknet gutes Stehvermögen.
Wetterbeständigkeit: nicht beständig.
Pilzanfälligkeit: häufig befallen; Grünverfärbung möglich.
Insektenanfälligkeit: sehr anfällig (Pochkäfer!). Holzschutz!
Geruch: herbsüßlich, typisch Linde.
Bearbeitung: leicht und gut; gut beiz-, leim-, schraub-, nagel-, biege-, drechsel-, schnitz-, messer- und schälbar.

Anmerkung: Lindenholz ist geradfaserig, zäh, aber gegen »Dämpfen« empfindlich (Fleckenbildung); Hobelflächen mattglänzend; mitunter Bläuepilzbefall (grünlich-dunkle Verfärbung). Linde ist seit alters her das bevorzugte Schnitzholz, wie viele alte Kunstwerke bezeugen.
Ähnliche Hölzer: *Sommerlinde,* kaum Qualitätsunterschiede zur Winterlinde. *Ahorn* wird oft mit Linde verwechselt (Härte, Spiegel beachten).

Hirnschnitt
Maßstab 2:1

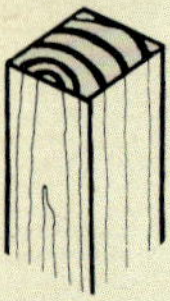

1 *Jahresringe* wenig ausgeprägt; undeutliche Jahresringgrenzen; oft wellig.
2 *Poren* sehr klein; zahlreich; zerstreutporig; kleine radiale Gruppen 🔍.
3 *Speicherzellen* nicht erkennbar.
4 *Markstrahlen* schmal; ungleich breit; zahlreich; dichtstehend; kaum erkennbar 🔍.

Fladerschnitt
Maßstab 1:1

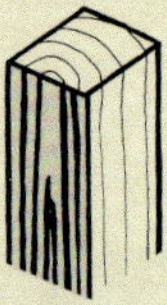

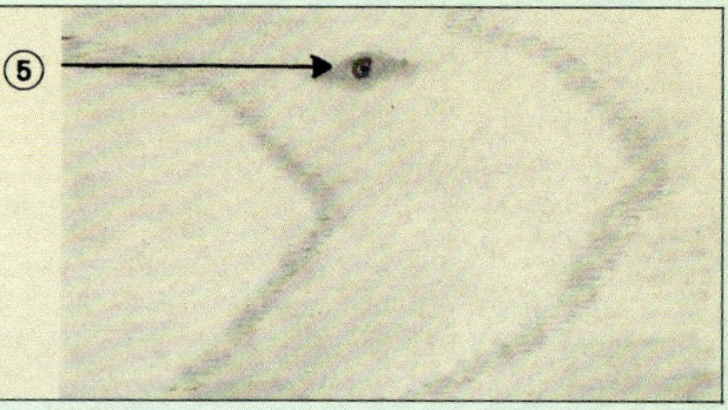

1 *Zeichnung* schlicht; wirkt oft ausgefranst; schwach erkennbar.
2 *Porenrillen* sehr fein; kaum erkennbar 🔍.
3 *Speicherzellen* nicht erkennbar.
4 *Markstrahlen* sehr fein 🔍, zahlreich.
⑤ *Anmerkung:* oft kleine, dunkle Steckäste.

Spiegelschnitt
Maßstab 1:1

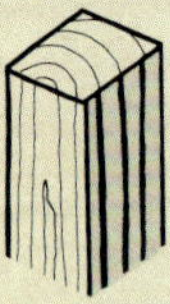

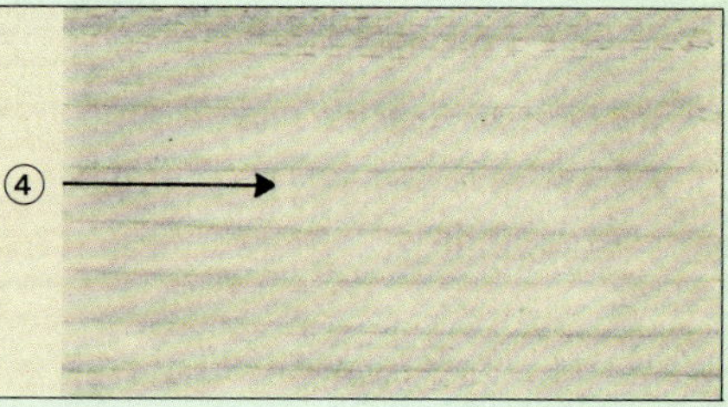

1 *Streifung* nur schwach erkennbar.
2 *Porenrillen* analog Fladerschnitt.
3 *Speicherzellen* nicht erkennbar.
④ *Spiegel* klein; undeutlich; kaum als schwach glänzende helle Linien erkennbar 🔍.

Apfelbaum
Kernholzbaum

Pirus malus / Rosaceae
Holzapfelbaum

Stammdurchmesser 30 cm (bis 70 cm möglich).

Verwendung: Drechsler- und Schnitzerholz, gebeizt als Ebenholzimitation, Kunsttischlerartikel, Intarsien, Hobelkästen, gelegentlich auch als Messerfurnier (durch unregelmäßige dunkle Partien mit sehr dekorativer Wirkung).
Querschnitt:
Kern mehr oder minder deutlich; oft dunkler Ring zwischen Kern und Splint.
Splint: breit; nicht haltbar und praktisch wertlos.
Eigenschaften:
Härte: hart.
Gewicht: 0,60 bis 0,72 kg/dm^3.
Volumenschwindung: mäßig.
Standfestigkeit: gut; neigt zum Werfen und Reißen.
Wetterbeständigkeit: gering.
Pilzanfälligkeit: relativ gering.
Insektenanfälligkeit: sehr anfällig; Holzschutz!
Geruch: neutral.
Bearbeitung: gut; gut beiz-, färb-, leim-, schraub-, nagel- und polierbar; für Furniere allgemein weniger geeignet. Vorsichtig trocknen.

Anmerkung: Hartes, dichtes aber etwas sprödes Holz, das durch Dämpfen rötlich wird; Hobelflächen mattglänzend.
Ähnliche Hölzer: Leicht mit *Birnbaum* zu verwechseln (auf Kern achten).

Hirnschnitt
Maßstab 2:1

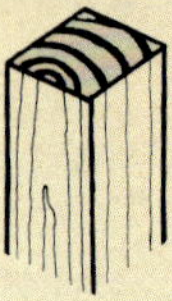

1 *Jahresringe* undeutlich, zum Teil unscharf ineinandergehend; oft wellig.
2 *Poren* fein; zahlreich; zerstreutporig; kaum erkennbar 🔍.
3 *Speicherzellen* nicht sichtbar.
4 *Markstrahlen* sehr fein; nicht erkennbar.
Anmerkung: helle oder dunklere Zonen fließen aquarellartig ineinander.

Fladerschnitt
Maßstab 1:1

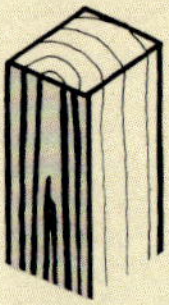

1 *Zeichnung* nicht ausgeprägt; oft unregelmäßige, dekorative Schattierung.
2 *Porenrillen* nicht erkennbar.
3 *Speicherzellen* nicht sichtbar.
4 *Markstrahlen* nicht erkennbar.
Anmerkung: oft zusammenhängende Markstrahlen als feine Streifen 🔍.

Spiegelschnitt
Maßstab 1:1

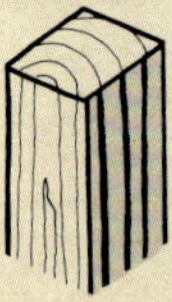
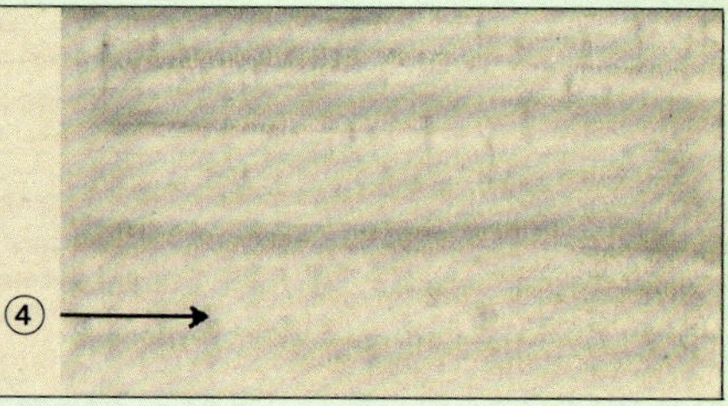

1 *Streifung* ziemlich undeutlich; nur Hell-Dunkel-Zonen lebhaft.
2 *Porenrillen* nicht erkennbar.
3 *Speicherzellen* nicht sichtbar.
④ *Spiegel* sehr undeutlich; gelegentlich schwach erkennbar 🔍.
Anmerkung: oft Markflecken als längliche Streifen.

Birnbaum
Splintholzbaum

Pirus communis / *Rosaceae*
Holzbirne

Stammdurchmesser 30 cm (bis 70 cm möglich).

Verwendung: Ausstattungsholz, Möbel, Drechsler- und Schnitzerholz, Werkzeuge, Ebenholzimitationen, Zeichengeräte, Blasinstrumente, Druckstöcke, Furniere.
Querschnitt: einfarbig wirkender Stammquerschnitt, stark nachdunkelnd.
Scheinkern häufig.
Eigenschaften:
Härte: hart.
Gewicht: etwa 0,70 kg/dm^3.
Volumenschwindung: mäßig bis stark.
Standfestigkeit: trocken sehr gut und formbeständig; geringe Neigung zum Werfen und Reißen.
Wetterbeständigkeit: gut; Scheinkern unter Wasser dauerhaft.
Pilzanfälligkeit: ziemlich gering.
Insektenanfälligkeit: sehr anfällig; Holzschutz!
Geruch: neutral.
Bearbeitung: gut; gut beiz-, färb-, leim-, schraub-, nagel-, polier-, messer- und schälbar. Vorsichtig trocknen.

Anmerkung: Das dichte, gleichmäßig feinfaserige Holz springt leicht, es ist etwas spröde; Hobelflächen mattglänzend; Drehwuchs möglich; häufig flächige Markflecken; Dämpfen intensiviert Farbe und Zeichnung.
Ähnliche Hölzer: verschiedene Provenienzen, so *Schweizer Birnbaum,* sind von gleicher Qualität, aber oft dekorativer. *»Afrikanisch Birnbaum«* (= Makoré) ist nicht verwandt und in den Makromerkmalen unterschiedlich. *Apfelbaum* wird oft mit Birnbaum verwechselt (starke Ähnlichkeit, daher genau hinsehen, vor allem Kern beachten).

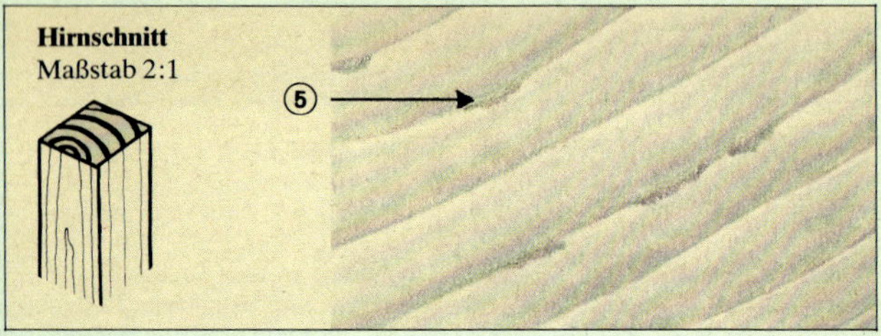

1 *Jahresringe* undeutlich; erinnern an Zuwachszonen.
2 *Poren* fein; zahlreich; zerstreutporig; meist nicht erkennbar 🔍.
3 *Speicherzellen* nicht sichtbar.
4 *Markstrahlen* sehr fein; zahlreich; nicht erkennbar.
⑤ *Anmerkung:* häufig flächige Markflecken.

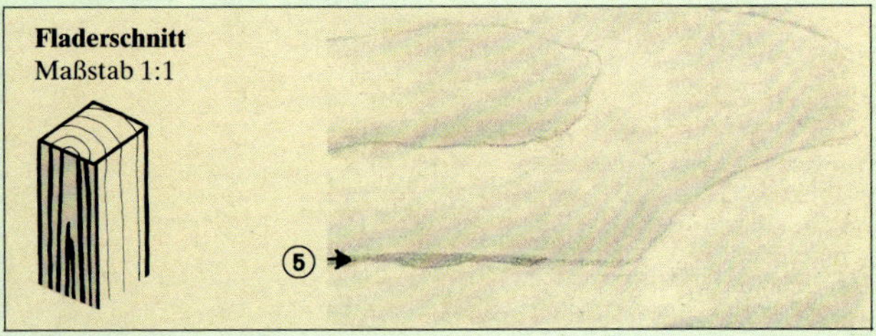

1 *Zeichnung* kaum erkennbar 🔍; mitunter dekorativ durch dunklere Zonen.
2 *Porenrillen* nicht erkennbar.
3 *Speicherzellen* nicht sichtbar.
4 *Markstrahlen* sehr fein; zahlreich; nicht erkennbar.
⑤ *Anmerkung:* Markflecken als längliche Streifen häufig.

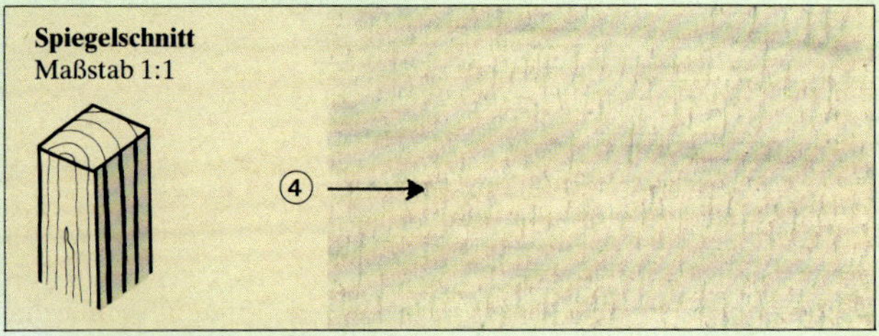

1 *Streifung* meist schwach ausgeprägt.
2 *Porenrillen* nicht erkennbar.
3 *Speicherzellen* nicht sichtbar.
④ *Spiegel* fein; zahlreich; undeutlich noch erkennbar 🔍.
Anmerkung: analog Fladerschnitt.

Kirschbaum
Kernholzbaum

Prunus avium / Rosaceae
Vogelkirsche, Süßkirsche

Spannrückiger Stamm. Stammdurchmesser 40 cm (bis 80 cm möglich).

Verwendung: Innenausstattung, Möbel, Drechslerholz, Galanteriewaren, kunstgewerbliche Gegenstände, Furniere.
Querschnitt:
Kern deutlich; stark nachdunkelnd.
Splint: schmal; hell.
Eigenschaften:
Härte: hart bis mäßig hart.
Gewicht: etwa 0,58 kg/dm^3.
Volumenschwindung: mäßig.
Standfestigkeit: mäßig; gedämpft aber gut; neigt zum Werfen und Reißen.
Wetterbeständigkeit: nicht beständig.
Pilzanfälligkeit: ziemlich anfällig; Holzschutz!
Insektenanfälligkeit: sehr anfällig; Holzschutz!
Geruch: angenehm.
Bearbeitung: gut; gut beschicht-, beiz-, leim-, schraub-, nagel-, polier- und messerbar; Furniere erfordern sorgfältige Behandlung. Vorsichtig trocknen.

Anmerkung: Festes, dichtes Holz; Hobelflächen schwachglänzend; Schnittholz erfordert sorgfältige Pflege (Gefahr des Verfärbens).
Ähnliche Hölzer: *Sauerkirsche, Waldkirsche* (fast gleiche Holzqualität, nur meist etwas feinjähriger). *Zwetschgenbaum* wird manchmal mit Kirschbaum verwechselt (entfernte Ähnlichkeit mit dem dunkleren Zwetschgenholz; Zonen unterschiedlicher Farbintensität, Anordnung der Porenrillen vergleichen).

Hirnschnitt
Maßstab 2:1

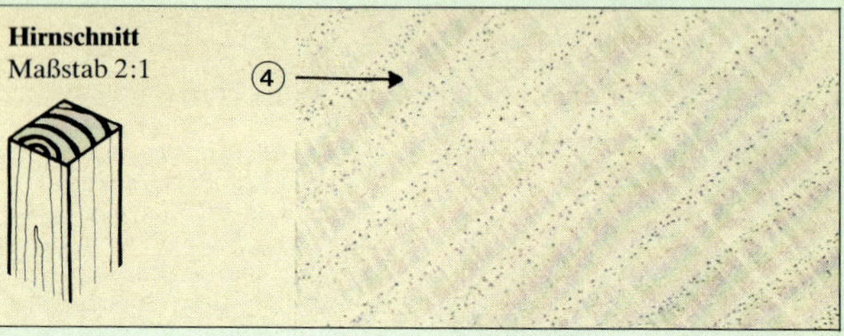

1 *Jahresringe* meist gut erkennbar, selten undeutlich; eng- bis mittelringig.
2 *Poren* im Spätholz fein, im Frühholz bis mittelgroß; dichtstehend; zerstreutporig bis schwach ringporig.
3 *Speicherzellen* im Spätholz als konzentrisch angeordnete, helle Punkte.
④ *Markstrahlen* in zwei verschiedenen Breiten gut erkennbar.

Fladerschnitt
Maßstab 1:1

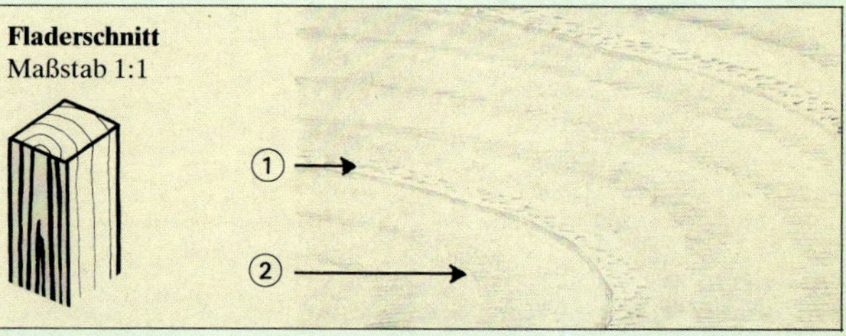

① *Zeichnung* deutlich, unterstützt durch feine Porenfladerung 🔍.
② *Porenrillen* im Frühholz mittelgroß; mehrreihige Anordnung parallel zur Zeichnung als schattenhafte Fladerung erkennbar.
3 *Speicherzellen* nicht erkennbar.
4 *Markstrahlen* schwach erkennbar 🔍. *Anmerkung:* oft geflammtes Dekor.

Spiegelschnitt
Maßstab 1:1

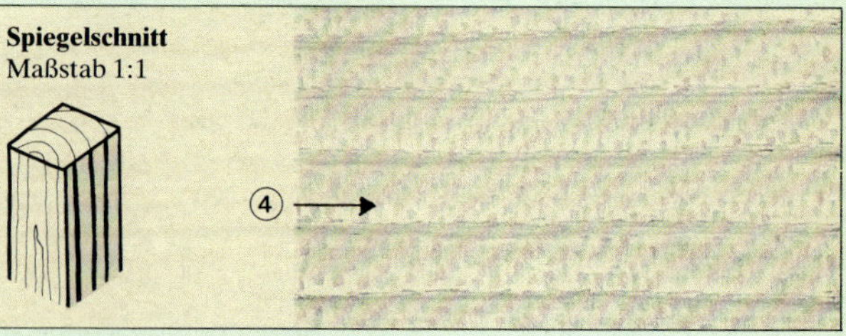

1 *Streifung* durch Porenstreifung deutlich.
2 *Porenrillen* im Frühholz gut erkennbar.
3 *Speicherzellen* nicht erkennbar.
④ *Spiegel* klein; zahlreich; gleichmäßig verteilt; deutlich.

Zwetschgenbaum *Prunus domestica / Rosaceae*

Kernholzbaum Pflaumenbaum

Stammdurchmesser 20 cm (bis 30 cm möglich).

Verwendung: Möbel, Drechsler- und Schnitzerholz, Intarsienholz, Furniere.

Querschnitt:

Kern deutlich; unterschiedlich nachdunkelnd.

Splint: schmal; hell; nicht immer verwertbar.

Eigenschaften:

Härte: hart.

Gewicht: 0,55 bis 0,70 kg/dm^3.

Volumenschwindung: stark.

Standfestigkeit: mittelmäßig; neigt zum Werfen und Reißen.

Wetterbeständigkeit: nicht beständig.

Pilzanfälligkeit: ziemlich anfällig; Holzschutz!

Insektenanfälligkeit: kaum gefährdet.

Geruch: neutral.

Bearbeitung: gut; gut beschicht-, leim-, schraub-, nagel-, polier-, drechsel-, schnitz- und messerbar. Sorgfältig trocknen.

Anmerkung: Dichtes, etwas sprödes Holz; gehobeltes Kernholz glänzend; häufig Zonen mit unterschiedlicher Farbintensität, die auf Längsschnitten sehr dekorativ wirken können. Öfters spannrückig.

Ähnliche Hölzer: *Kirschbaum* wird manchmal mit Zwetschgenbaum verwechselt (gewisse Ähnlichkeit mit dem helleren Kirschholz; Zonen unterschiedlicher Farbintensität, Anordnung der Porenrillen vergleichen).

Hirnschnitt
Maßstab 2:1

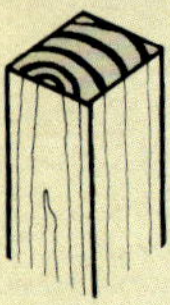

1 *Jahresringe* undeutlich bis deutlich; unterschiedlich breit.
2 *Poren* sehr fein, zerstreutporig 🔍.
3 *Speicherzellen* nicht sichtbar.
④ *Markstrahlen* fein; dichtstehend; zahlreich; kaum erkennbar 🔍.
Anmerkung: helle und dunkle Zonen treten auf (Alterserscheinung).

Fladerschnitt
Maßstab 1:1

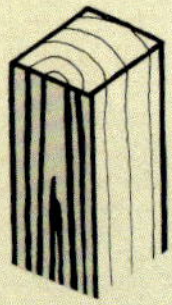

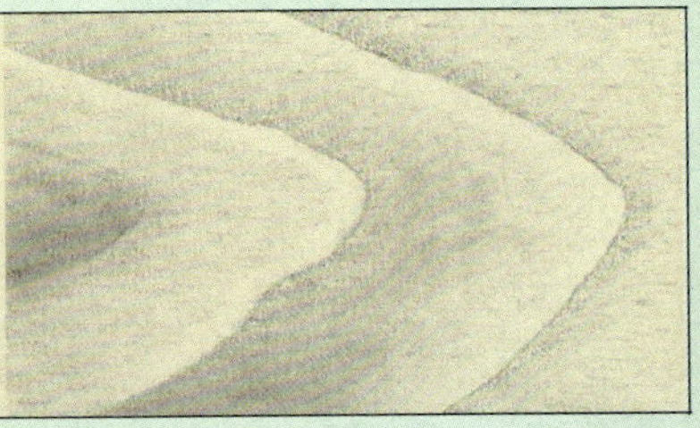

1 *Zeichnung* zart; unauffällig; sehr oft durch lebhafte, unregelmäßige, helle und dunkle Zonen überlagert.
2 *Porenrillen* nicht erkennbar.
3 *Speicherzellen* nicht sichtbar.
4 *Markstrahlen* fein; kurz; kaum erkennbar 🔍.

Spiegelschnitt
Maßstab 1:1

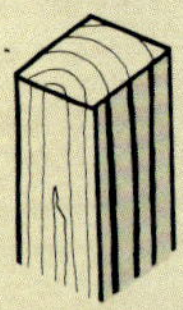

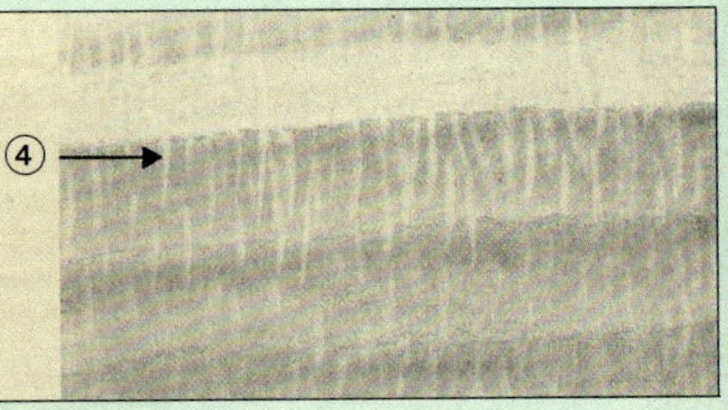

1 *Streifung* analog Fladerschnitt.
2 *Porenrillen* nicht erkennbar.
3 *Speicherzellen* nicht sichtbar.
④ *Spiegel* klein; dunkel; zahlreich; deutlich.

Nußbaum
Kernholzbaum

Juglans regia / Juglandaceae
Walnußbaum

Stammdurchmesser 40 cm (bis 100 cm möglich).

Anmerkung: Feinfaseriges, zähes, festes, biegsames, aber wenig elastisches Holz; variierende Kernfärbung; Hobelflächen schwachglänzend; meist verknorpelte, gut eingewachsene Äste; sehr oft treten Riegel auf.
Ähnliche Hölzer: *Schwarznuß* (= amerikanischer Nußbaum); *französischer, italienischer, kaukasischer Nußbaum* sind Herkunftsbezeichnungen ohne große Qualitätsunterschiede nur mit Abstufungen in Farbe und Dekor.

Verwendung: Möbel, Innenausstattung, Drechsler- und Schnitzerholz, Parkett, Furniere.
Querschnitt:
Kern: nicht immer, aber meist vom Splint scharf abgesetzt.
Splint: unterschiedlich schmal bis sehr breit.
Eigenschaften:
Härte: mittelhart bis hart.
Gewicht: etwa 0,65 kg/dm^3.
Volumenschwindung: mäßig.
Standfestigkeit: sehr gut; arbeitet kaum.
Wetterbeständigkeit: bedingt bis mäßig.
Pilzanfälligkeit: sehr anfällig; Holzschutz!
Insektenanfälligkeit: sehr anfällig; Holzschutz!
Geruch: angenehm säuerlich.
Bearbeitung: gut; bestens beiz- und polierbar, gut messer- und schälbar.

Hirnschnitt
Maßstab 2:1

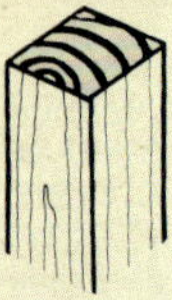

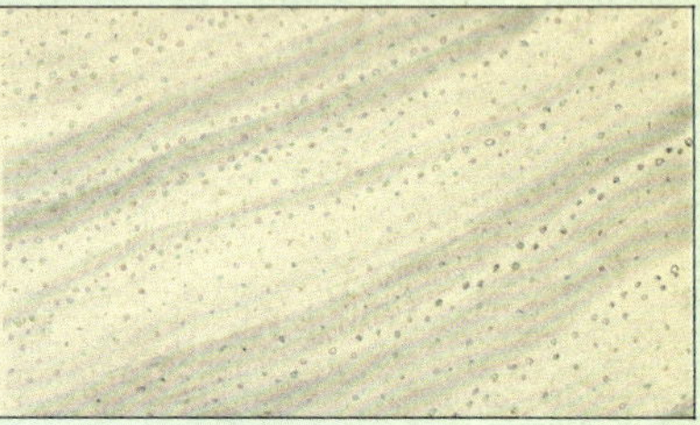

1 *Jahresringe* wenig deutlich; leicht wellig; von Jahresringen unabhängige, unregelmäßige Zonen mit unterschiedlicher Farbintensität.
2 *Poren* grob bis mittel; schwach ringporig im Frühholz; fein und halbzerstreut im Spätholz; häufig verthyllt 🔍.
3 *Speicherzellen* zahlreich, als feine kurze Bändchen; kaum erkennbar 🔍.
4 *Markstrahlen* sehr fein; kaum erkennbar 🔍.

Fladerschnitt
Maßstab 1:1

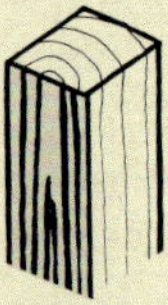

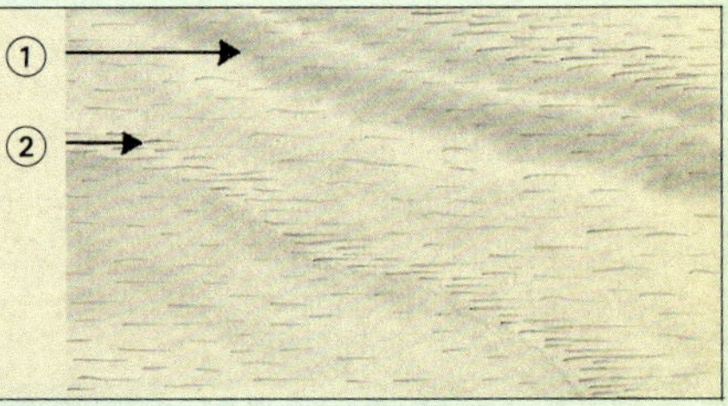

① *Zeichnung* undeutlich; unabhängig von der eigentlichen Zeichnung dekorative, aquarellartige, fladerförmige Dunkelstreifen.
② *Porenrillen* mitunter leicht nadelrissig; gleichmäßig verteilt; deutlich.
3 *Speicherzellen* nicht erkennbar.
4 *Markstrahlen* sehr fein 🔍.

Spiegelschnitt
Maßstab 1:1

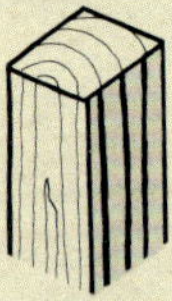

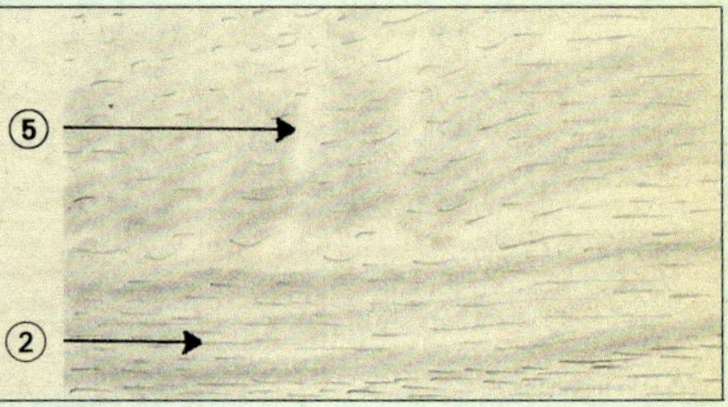

1 *Streifung* analog Fladerschnitt.
② *Porenrillen* analog Fladerschnitt.
3 *Speicherzellen* nicht erkennbar.
4 *Spiegel* fein bis auffallend; noch erkennbar 🔍.
⑤ *Anmerkung:* häufig mit Riegeln, besonders in Astnähe.

Mahagoni
Kernholzbaum

Swietenia mahagoni / Meliaceae
Echtes Mahagoni

Stammdurchmesser 130 cm (bis 150 cm möglich).

Verwendung: Außen- und Innenbau, Möbel, Drechsler- und Schnitzerholz, Schiffs- und Bootsbau, Furniere.
Herkunft:
Westindische Inseln, Mittel- und Südamerika.
Querschnitt:
Kern deutlich; stark nachdunkelnd.
Splint breit; wertlos.
Eigenschaften:
Härte: hart bis mittelhart.
Gewicht: etwa 0,50 kg/dm^3.
Volumenschwindung: gering.
Standfestigkeit: sehr gut; arbeitet kaum.
Wetterbeständigkeit: wetterfest; lange Lebensdauer.
Pilzanfälligkeit: ziemlich pilzfest.
Insektenanfälligkeit: sehr widerstandsfähig.
Geruch: neutral.
Bearbeitung: gut; gelegentlicher Wechseldrehwuchs erschwert das Hobeln; gut beschicht-, leim-, schraub-, nagel-, drechsel-, schnitz-, messer- und schälbar. Nicht zu imprägnieren.

Anmerkung: Nur Holz der Gattung »Swietenia« ist »Echtes Mahagoni«. Vorwiegend geradfaseriges Holz, leichter Drehwuchs sowie andere Faserabweichungen und Farbvarianten sind aber möglich. Hobelflächen mit leichtem Goldglanz.
Ähnliche Hölzer: *Kuba-, Tabasco-, Honduras-, San Domingo-* und *Guatemala-Mahagoni* sind Herkunftsbezeichnungen von echtem Mahagoni, aber mit Abweichungen in Aussehen und Holzqualität. *Blumen- oder Pyramiden-Mahagoni* kennzeichnen eine Schnittführung mit besonderem Faserverlauf. Holzarten mit irreführenden Bezeichnungen wie *Sipo-, Afrikanisch-* und *Khaya-Mahagoni* können dem echten Mahagoni ähnlich sehen, sind aber kein Mahagoni.

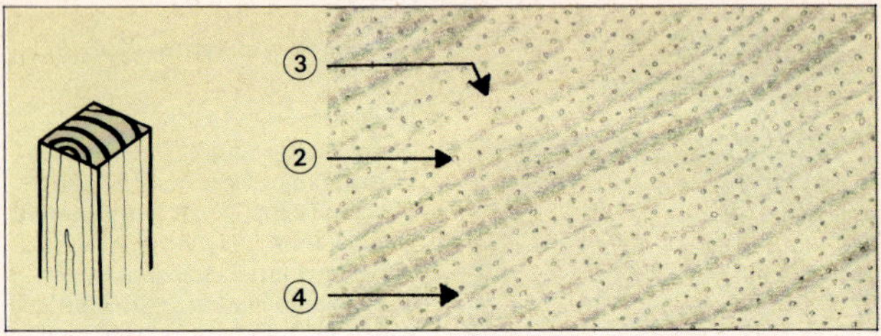

1 *Zuwachszonen* unterschiedlich breit; mit Tönungsunterschieden.
② *Poren* grob bis mittel; zahlreich; meist 2 bis 3 und mehr, radial zusammenhängend; zerstreutporig; .
③ *Speicherzellen* feine, einzelne Bändchen, die Zuwachszonen begrenzend.
④ *Markstrahlen* fein; kaum erkennbar .

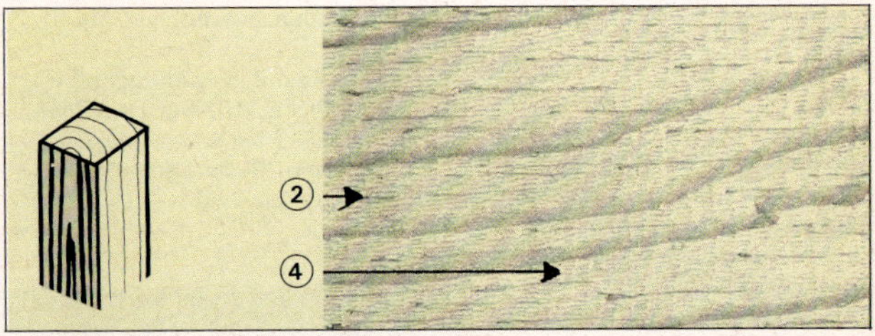

1 *Zeichnung* deutlich durch Nadelrissigkeit und Farbtonunterschiede.
② *Porenrillen* grob bis mittel; zickzackförmig geordnet; deutlich; oft verthyllt.
3 *Speicherzellen* fein, fladerförmig angeordnet; kaum erkennbar .
④ *Markstrahlen* fein; kurz; stockwerkartig geordnete Strichelchen; deutlich erkennbar.

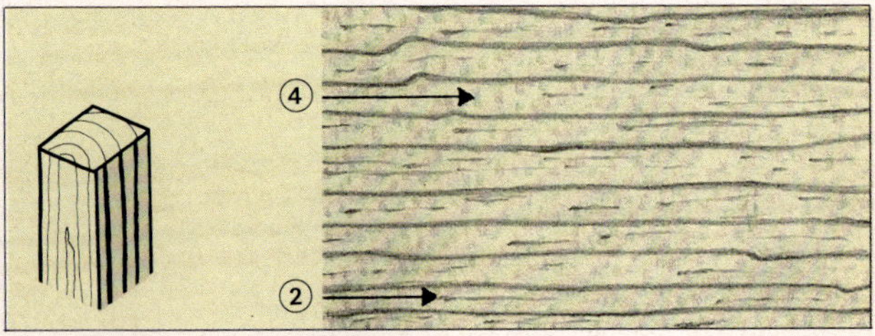

1 *Streifung* analog Fladerschnitt.
② *Porenrillen* streifig angeordnet; sonst analog Fladerschnitt.
3 *Speicherzellen* feine Längsstreifen, meist noch erkennbar .
④ *Spiegel* fein; stockwerkartig; erkennbar .

Teak
Kernholzbaum

Tectona grandis / Verbenaceae

Stammdurchmesser 120 cm (bis 200 cm möglich).

Verwendung: Konstruktionsholz für besonders hohe Anforderungen im Außen- und Innenbau, Wasserbau, Möbel, Schiffsbau, Furniere.
Herkunft: Südostasien.
Querschnitt:
Kern deutlich, dunkelt stark nach.
Splint schmal; bedeutungslos.
Eigenschaften:
Härte: hart.
Gewicht: etwa 0,66 kg/dm^3 stark schwankend.
Volumenschwindung: mäßig.
Standfestigkeit: außerordentlich gut; arbeitet kaum.
Wetterbeständigkeit: wetterfest; wasserbeständig; beständig bei Temperaturwechsel.
Pilzanfälligkeit: pilzfest.
Insektenanfälligkeit: insekten- und termitenfest.
Geruch: lederähnlich; typischer Teakgeruch.
Bearbeitung: gut; Schnittwerkzeuge stumpfen schnell; gut fräs-, bohr-, drechsel- und schälbar.

Anmerkung: Zähes, festes, widerstandsfähiges Holz, das sich durch den Kautschukgehalt fettig anfühlt; durch Poreneinlagerungen aus phosphorsaurem Kalzium ist der Schleifstaub hautreizend; Stahlteile rosten im Teakholz nicht; Hobelflächen matt bis wachsglänzend.
Nie wechseldrehwüchsig!
Ähnliche Hölzer: *Java-, Siam-, Burma-, Rangun-Teak* sind Herkunftsbezeichnungen, die kaum Qualitätsunterschiede zeigen. Es gibt nur eine botanische Gattung Teak.
Holzarten mit irreführenden Bezeichnungen: *Afrikanisch-, Gold-, Guayana-, Kambala-, Mango-, Rhodesian-, Westindisch-, Yang-Teak* sind kein Teak.

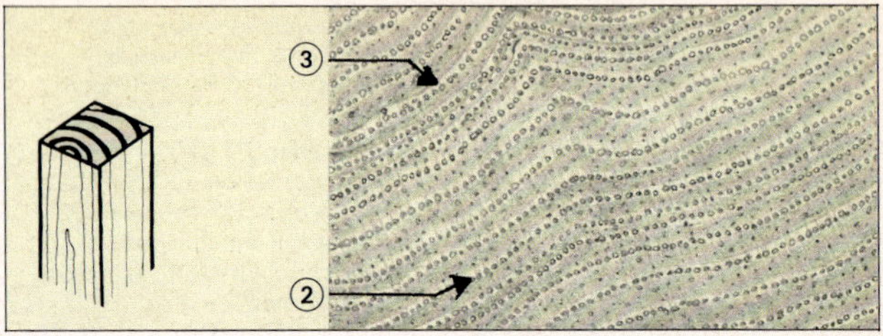

1 *Zuwachszonen* deutlich; von dunklen Adern überlagert.
② *Poren* grob und schwach ringporig im Frühholz; im Spätholz mittelgroß und halbzerstreut; helle und dunkle Inhaltsstoffe (Poreneinlagen) möglich 🔍.
③ *Speicherzellen* deutlich; bandartig die Zuwachszonen begrenzend.
4 *Markstrahlen* fein; engstehend; erkennbar 🔍.

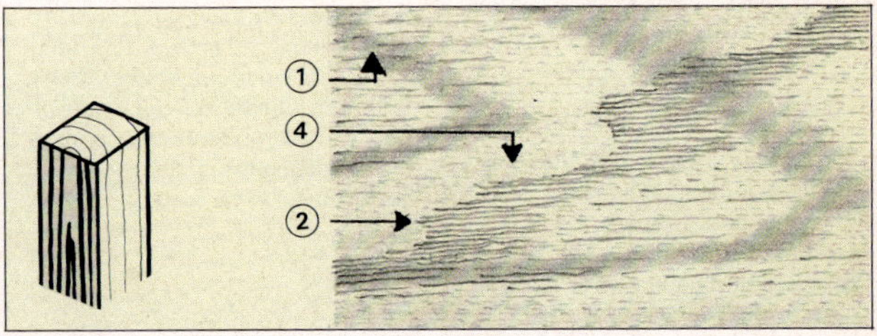

① *Zeichnung* mehr oder minder deutlich durch nadelrissige Porenfladerung; oft von dunklen Adern durchzogen; dekorativ.
② *Porenrillen* deutlich; nadelrissig; oft Poreneinlagen.
3 *Speicherzellen:* hell; fladerähnlich; erkennbar 🔍.
④ *Markstrahlen* feine, dunkle Strichelchen; kaum erkennbar 🔍.

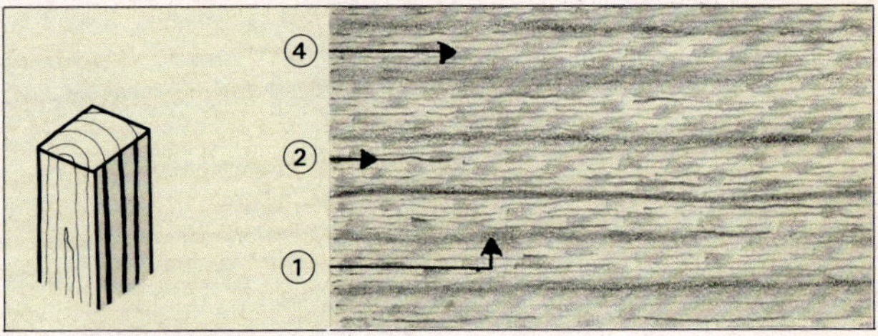

① *Streifung* deutlich durch Porenstreifung; oft von dunklen Adern durchzogen.
② *Porenrillen* analog Fladerschnitt.
3 *Speicherzellen* feine, helle Längslinien; noch erkennbar 🔍.
④ *Spiegel* undeutlich; kaum bis nicht erkennbar 🔍.

Palisander
Kernholzbaum

Dalbergia latifolia oder nigra / Leguminosae-Papilonaceae
Ostindischer und Rio-Palisander

Stammdurchmesser 80 cm (bis 100 cm und mehr möglich).

Verwendung: Innenausbau, Möbel, Drechsler- und Schnitzerholz, Musikinstrumente, Furniere.

Herkunft:
Ostindien und Südamerika.

Querschnitt:
Kern deutlich; verliert durch Licht an Farbtiefe.
Splint schmal (Ostindischer P.); breit (Rio-P.); wertlos.

Eigenschaften:
Härte: hart.
Gewicht: etwa 0,82 kg/dm^3.
Volumenschwindung: gering.
Standfestigkeit: ziemlich gut; arbeitet wenig.
Wetterbeständigkeit: wetterfest.
Pilzanfälligkeit: pilzfest.
Insektenanfälligkeit: insektenfest.
Geruch: scharf aromatisch (Ostindischer P.); süßlich aromatisch (Rio-P.).
Bearbeitung: unterschiedlich, meist gut; Schnittwerkzeuge stumpfen schnell; gut leim-, schraub-, nagel-, polier-, drechsel- und messerbar.

Anmerkung: Oft Kalkablagerungen im Kern des festen, dichten Holzes; sehr oft wechseldrehwüchsig (Ostindischer P.); Beschichtungen können durch Inhaltsstoffe Schwierigkeiten bereiten.

Ähnliche Hölzer: *Mozambique-Palisander oder Grenadill, Rio-Jacaranda oder Brasilianisches Rosenholz (= Rio-Palisander), Jacaranda, Guatemala-Palisander oder mittelamerikanischer Palisander, indischer Palisander, Madagaskar-Palisander* sind Dalbergiaarten, die in Zeichnung und Farbe unterschiedlich sein können, nicht aber in den Makromerkmalen. *Königsholz oder Bois de violette* (Holz der Gattung Dalbergia), ein sogenanntes Luxusholz, sehr schwer, spröde.

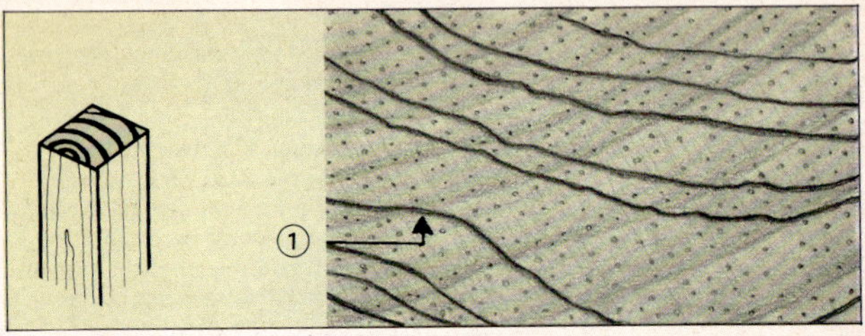

① *Zuwachszonen* deutlich bis undeutlich durch dunklere Zonen, die oft von dunklen Adern überlagert werden.
2 *Poren* grob; zerstreut; zahlreich (Ostindischer P.), geringer (Rio-P.).
3 *Speicherzellen* feine tangentiale, undeutliche, porenumschließende Bänder (Ostindischer P.); kaum erkennbar (Rio-P.) 🔍.
4 *Markstrahlen* sehr fein; kaum erkennbar 🔍.

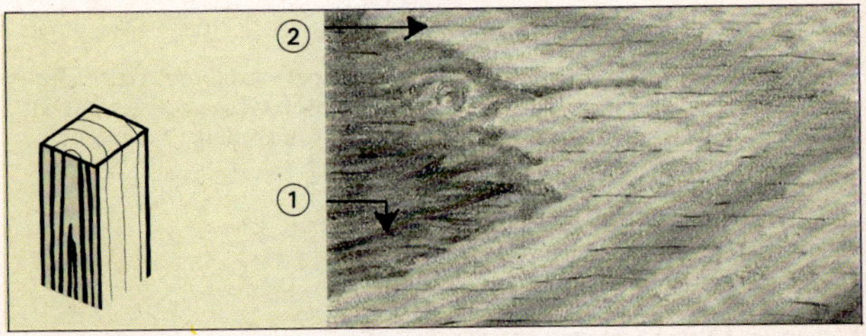

① *Zeichnung* durch fast regelmäßige dunkle Adern (Ostindischer P.) oder oft von unregelmäßigen, streifigen, dunklen Adern überlagert (Rio-P.).
② *Porenrillen* grob, zahlreich, unregelmäßig verlaufend (Ostindischer P.); weniger zahlreich, auffällig gestreckt und oft Einlagerungen (Rio-P.).
3 *Speicherzellen* nicht deutlich erkennbar 🔍.
4 *Markstrahlen* fein; stockwerkartig; kaum zu erkennen 🔍.

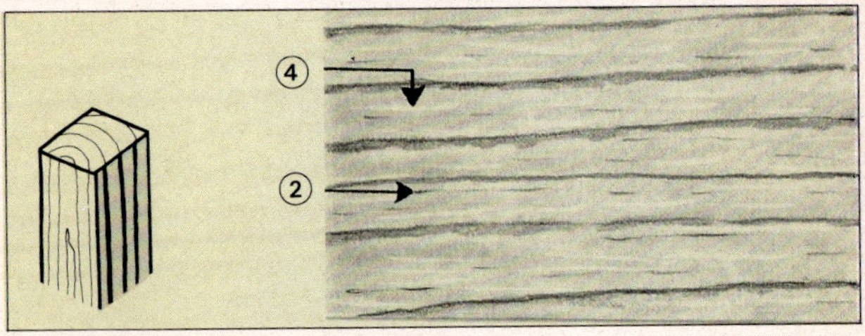

1 *Streifung* gleichmäßig, gelegentlich von dunklen Adern betont (Ostindischer P.); durch unregelmäßige dunkle Adern gestreift (Rio-P.).
② *Porenrillen* analog Fladerschnitt.
3 *Speicherzellen* nicht deutlich, kaum erkennbar 🔍.
④ *Spiegel* fein, undeutlich, schwach erkennbar 🔍.

Die Schnittzeichnungen zeigen Rio-Palisander.

Limba

Kernholzbaum

Terminalia superba / Combretaceae
Limba clair, - blanc, - noir

Stammdurchmesser 90 cm (bis 100 cm möglich).

Verwendung: Innenausbau. Leisten, Sperrholz, Furniere.
Herkunft:
Westafrika.
Querschnitt:
Kern in der Farbe kaum vom Splint zu unterscheiden.
Splint breit.
Eigenschaften:
Härte: mäßig hart; manchmal weich bis filzig.
Gewicht: etwa 0,58 kg/dm^3, schwankend.
Volumenschwindung: mäßig.
Standfestigkeit: ziemlich gut; arbeitet wenig.
Wetterbeständigkeit: nicht beständig.
Pilzanfälligkeit: anfällig; Bläuepilz.
Insektenanfälligkeit: sehr anfällig.
Geruch: etwas säuerlich.
Bearbeitung: gut; Enden neigen jedoch zum Platzen; gut beiz-, schraub- und nagelbar; weniger gut imprägnierbar.

Anmerkung: Kurzfaseriges, etwas elastisches Holz in verschiedenen Farbvarianten, von strohgelb, gelbbraun, grünstichig bis nußbraun; auch Farbstreifen möglich; Hobelflächen matt bis schwach seidenglänzend; häufig Wechseldrehwuchs und andere Faserabweichungen. Als Deckfurnier wird Limba in der Sperrholzindustrie häufig verwendet.
Ähnliche Hölzer: Irreführende Bezeichnungen: *Noyer du Mayombe* (Limba ist kein Nußbaum!), *gelbes Mahagoni.*
Manchmal wird Limba mit *Eiche* verwechselt (Ringporigkeit, Markstrahlen und Spiegel beachten).

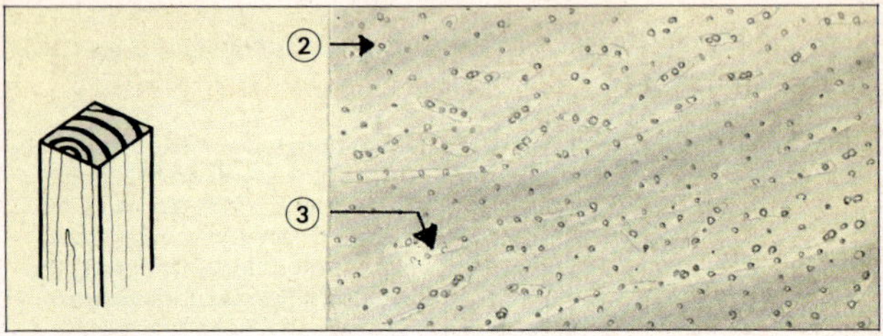

1 *Zuwachszonen* undeutlich bis erkennbar; oft wellig.
② *Poren* groß bis mittelgroß; zerstreutporig; gleichmäßig verteilt.
③ *Speicherzellen* meist mehrere Poren umschließende unregelmäßige Bandstückchen; im Frühholz oft Zickzacklinien bildend.
4 *Markstrahlen* sehr fein, kaum erkennbar 🔍.

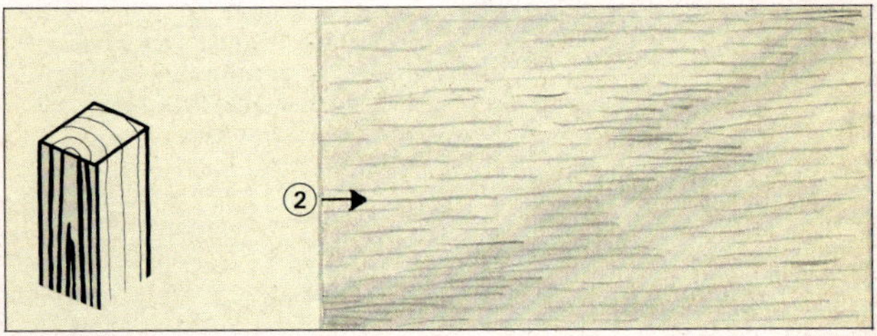

1 *Zeichnung* schwach bis deutlich, je nach Farbvariante; dunkle Qualitäten meist dekorativ.
② *Porenrillen* eng; nadelrissig; oft ziemlich lang.
3 *Speicherzellen* nicht erkennbar.
4 *Markstrahlen* fein; stockwerkartig; kaum erkennbar 🔍.

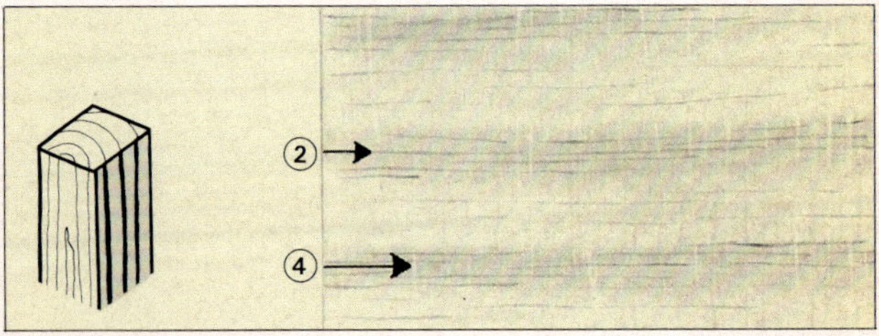

1 *Streifung* schwach erkennbar; Scheinstreifung durch Wechseldrehwuchs oder Porenstreifung möglich.
② *Porenrillen* analog Fladerschnitt.
3 *Speicherzellen* nicht erkennbar.
④ *Spiegel* undeutliche, feine Querstriche; kaum erkennbar 🔍.

Okoumé/Gabun *Aucoumea klaineana / Burseraceae*

Kernholzbaum

Stammdurchmesser 160 cm (bis 200 cm möglich).

Verwendung: Möbel, Vertäfelung, Bootsbau, Verpackungsindustrie, Blindholz, Sperrholz, Furniere.

Herkunft:
Tropisches Westafrika.

Querschnitt:
Kern nicht immer deutlich; nachdunkelnd.
Splint schmal.

Eigenschaften:
Härte: weich; manchmal etwas filzig.
Gewicht: etwa 0,45 kg/dm^3.
Volumenschwindung: mäßig.
Standfestigkeit: ziemlich standfest; arbeitet wenig.
Wetterbeständigkeit: nicht beständig.
Pilzanfälligkeit: ziemlich pilzfest.
Insektenanfälligkeit: sehr anfällig.
Geruch: neutral.
Bearbeitung: mäßig gut, Schnittwerkzeuge stumpfen eher; gut beiz-, beschicht-, leim-, schraub-, nagel- und polierbar.

Anmerkung: Das leichte, etwas elastische Holz ist oft drehwüchsig; Hobelflächen glänzend; auf Längsschnitten oft wellenförmig schimmernde Oberfläche (moiriert). Im deutschen Sprachgebrauch wird Okoumé als *Gabun* (nach dem Hauptexportland) bezeichnet. Diese Benennung kann aber zu Mißverständnissen führen, da aus Gabun noch weitere hochwertige Hölzer (wie Ebenholz) exportiert werden.

Ähnliche Hölzer: Irreführende Bezeichnung *»Gabun-Mahagoni«*. (Okoumé ist trotz seiner vorzüglichen Qualitäten dem Mahagoni nicht gleichzusetzen.)

Hirnschnitt
Maßstab 2:1

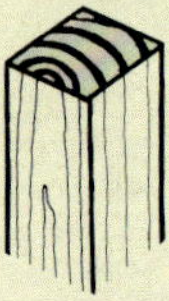

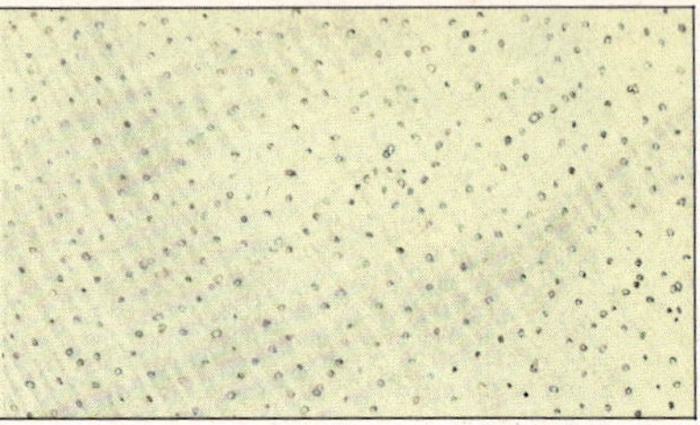

1 *Zuwachszonen* undeutlich; kaum abgegrenzt; weit- bis sehr weitringig.
2 *Poren* grob bis mittelgrob; zahlreich; zerstreutporig.
3 *Speicherzellen* nicht sichtbar.
4 *Markstrahlen* sehr fein; kaum sichtbar 🔍.

Fladerschnitt
Maßstab 1:1

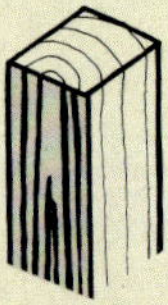

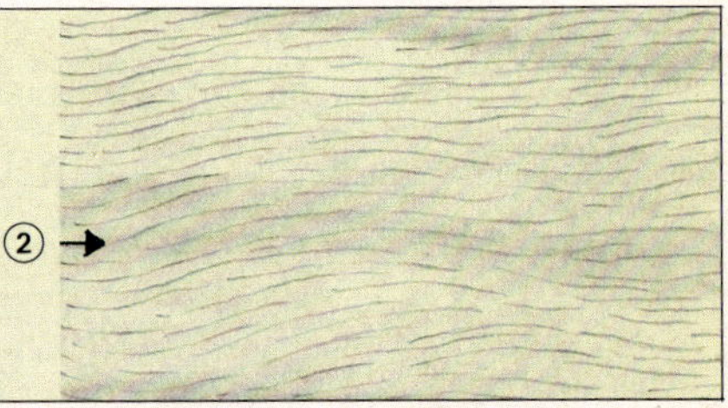

1 *Zeichnung* schlicht; undeutliche Fladerung.
② *Porenrillen* nadelrissig; lang; zahlreich; teils unregelmäßig gewundener Verlauf.
3 *Speicherzellen* nicht sichtbar.
4 *Markstrahlen* fein; zahlreich; stockwerkartig; kaum sichtbar 🔍.

Spiegelschnitt
Maßstab 1:1

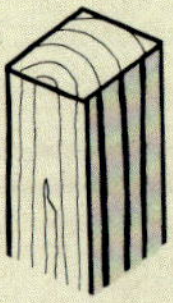

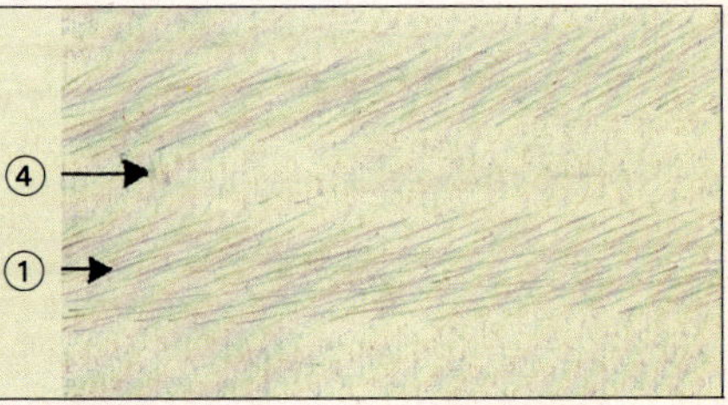

① *Streifung* undeutlich, manchmal durch Wechseldrehwuchs betont.
2 *Porenrillen* analog Fladerschnitt.
3 *Speicherzellen* nicht sichtbar.
④ *Spiegel* fein; schlicht; zahlreich; stockwerkartig; kaum erkennbar 🔍, auf Bruchflächen deutlicher.

Schnitthölzer Bretter, Bohlen und Kanthölzer.

Bretter und Bohlen

Brettdicke = unter 40 mm;

Bohlendicke = über 40 mm,
Bohlenbreite über 120 mm

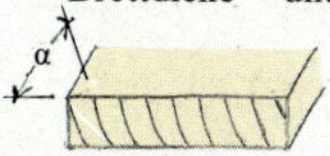

Kern-brett / Kern-bohle
α zwischen 60° und 90°

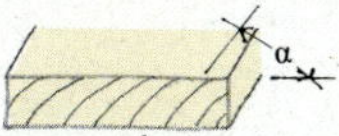

Halbrift-brett / Halbrift-bohle
α nicht kleiner als 30°

Seitenbrett-brett / Seitenbrett-bohle
α kleiner als 30°

gespundetes Brett
DIN 4072

Fasebrett
DIN 68122

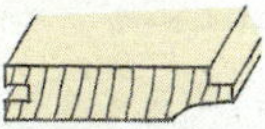

Stulpschalungsbrett
DIN 68123

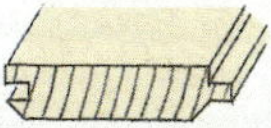

Profilbrett mit Schattennut
DIN 68126

Einschnittbeispiele für Kern-(Rift-) und Halbriftbretter

Diese fünf Beispiele zeigen, wie man einen Stamm einschneiden kann, um möglichst viele Bretter mit stehenden Jahresringen zu erhalten.

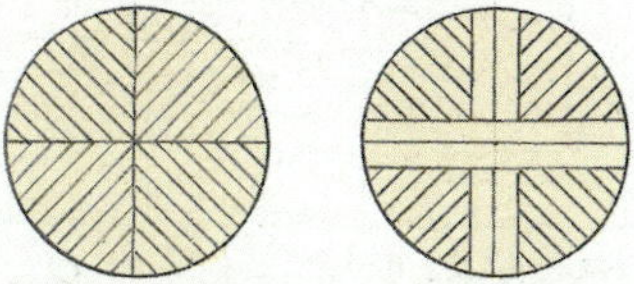

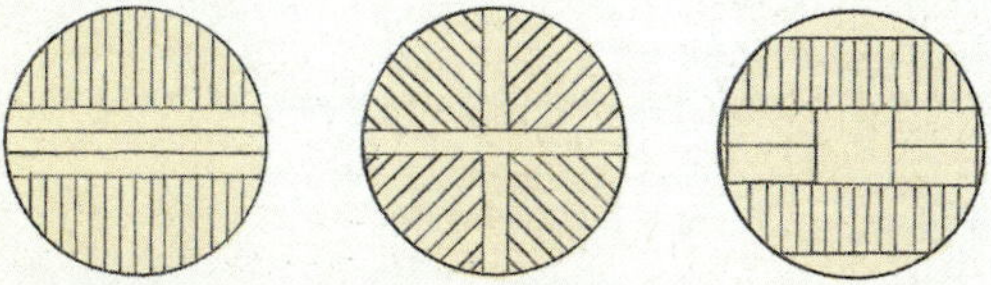

Kanthölzer, deren größte Querschnittseite 20 cm und mehr beträgt, werden als Balken bezeichnet.

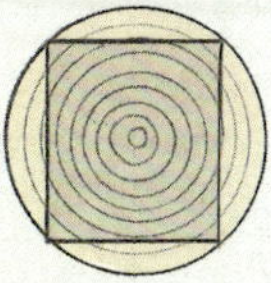

Vollholz

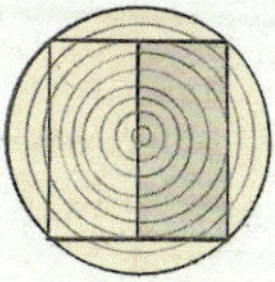

Halbholz

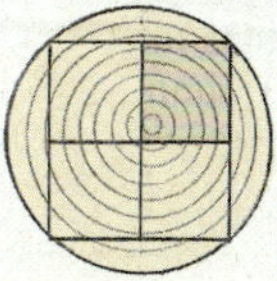

Viertelholz

Was Sie über Holz noch wissen sollten

Als Ergänzung zu den »Grundlagen der Holzbestimmung« ist hier erklärt, wie der so vielseitig verwendbare Werkstoff Holz durch sein *hygroskopisches Verhalten* (Schwinden und Quellen), durch *Fehler* (Risse, Äste, Wuchsanomalien) oder durch *äußere Schädigungen* (Pilze, Insekten, Schmarotzerpflanzen) in seinem Aussehen und seiner Verwendbarkeit beeinträchtigt werden kann.

Schwinden und Quellen

Eine sehr wesentliche Eigenschaft des Holzes ist sein *hygroskopisches Verhalten.* Dieses »Arbeiten« beruht auf der Fähigkeit des Holzes, Feuchtigkeit abzugeben (Schwinden), aber auch aufzunehmen (Quellen). Künstlich getrocknetes Schnittholz enthält noch etwa 10% Feuchtigkeit, die sich bei Raumtemperatur auf 5 bis 7% reduzieren kann. Holz schwindet und quillt hauptsächlich quer zur Faserrichtung. Die Längenveränderung ist minimal. Holz mit breiten Jahresringen (mehr als 4 mm) und starkem Frühholzanteil ändert sein Volumen stärker als Holz mit engen Jahresringen. Splintholz sowie das grobporige Frühholz sind stärker vom Schwinden und Quellen betroffen als das dichte, feste Kern- und Spätholz.

Verhältniszahlen für das hygroskopische Gleichgewicht des Holzes in bezug auf die umgebende relative Luftfeuchtigkeit:

Luftfeuchtigkeit	30% (trocken)	65% (normal)	90% (feucht)
Holzfeuchtigkeit	7%	12%	20%

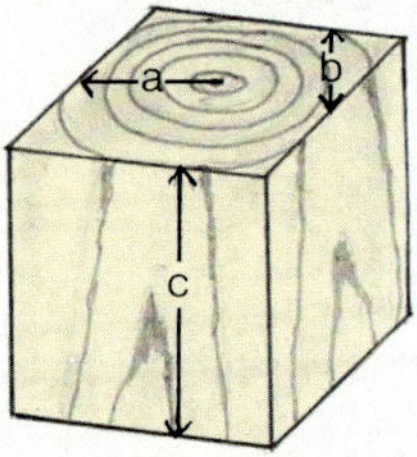

Mittlere Schwind- und Quellmaße bei Änderung der Holzfeuchtigkeit um 1%:

Holzart	radial ←a→ zu den Jahresringen %	tangential ←b→ zu den Jahresringen %	in Faserrichtung ←c→ %
Europäische Nadelhölzer	0,12	0,24	0,01
Eiche, Rotbuche	0,20	0,40	

Die folgenden Abbildungen zeigen Verformungstendenzen an Brettern, Bohlen, Kant- und Rundhölzern mit unterschiedlicher Lage der Jahresringe. Zur Verdeutlichung ist der *Schwund* in schwarzen Flächen, die *Quellvergrößerung* in roten Flächen dargestellt.

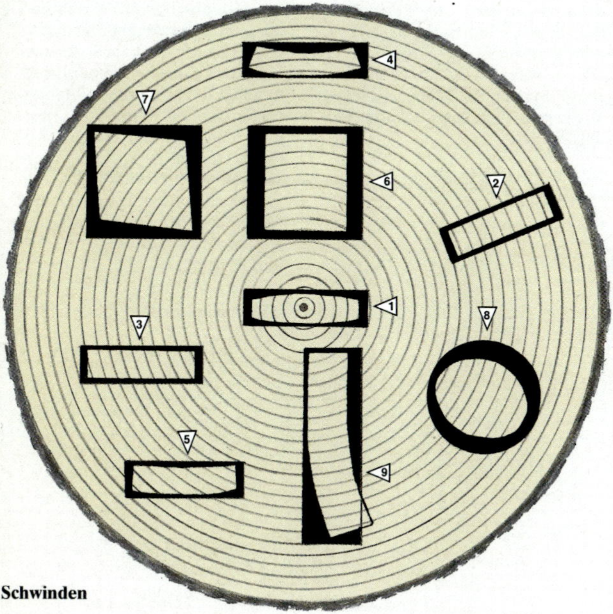

Schwinden

Brettseiten

Bei Seitenbrettern und Bohlen unterscheidet man eine *»rechte«* (aufgewölbt) und eine *»linke«* (hohl) Seite, je nachdem, ob die Jahresringe im Hirnschnitt dem Kern zugewandt (rechts) oder abgewandt (links) sind. Beide Flächen zeigen die typische Fladerschnittzeichnung. Seitenbretter und -bohlen (④, ⑤) schwinden im Vergleich zu Kern-

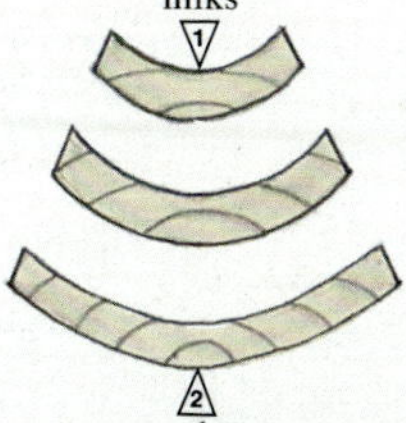

① Kernbrett mit Mark
② Kern- oder Riftbrett
③ Halbriftbrett
④ Seitenbrett mit *stark* liegenden Jahresringen
⑤ Seitenbrett mit liegenden Jahresringen
⑥ Kantholz mit stehenden Jahresringen
⑦ Kantholz mit liegenden Jahresringen
⑧ Rundstab
⑨ Bohle mit Kernanschnitt

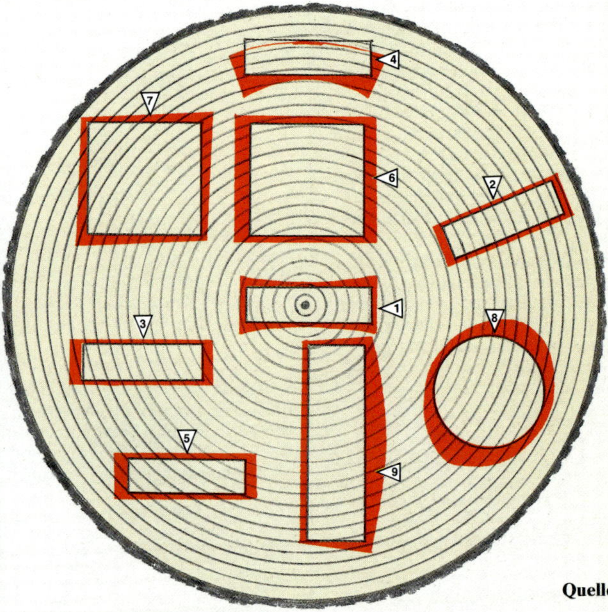

Quellen

oder Halbriftbrettern (①, ②, ③) besonders stark und sollten als Bodenbelag oder Treppenstufe mit der rechten Seite nach unten liegen; so wird das »Aufschiefern« verhindert.

Brettverleimung

Bretter, Bohlen und Kanthölzer sollten so verleimt werden, daß gleichartig schwindende Flächen aneinander liegen: *Splint- an Splintholz* und *Kern- an Kernholz*.

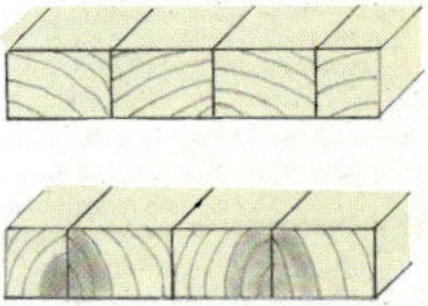

Risse

mindern den Wert des Holzes. Je nach Ursache und Erscheinungsbild sind zu beobachten:

Schwindrisse

entstehen beim Austrocknen durch Spannungen innerhalb der Zellstrukturen (Gefäße, Markstrahlen, Speicherzellen), die *unterschiedlich* zueinander gerichtet sind. Sobald bestimmte Grenzen der Elastizität überschritten werden, reißen sie an ihrer anatomisch schwächsten Stelle (Spannungsabbau). Durch sorgfältiges Trocknen können Schwindrisse vermieden oder in Grenzen gehalten werden. Zu unterscheiden sind:

Hirn-, **Mantel-** oder **Luftrisse** entstehen am Umfang und am Stammende eines Baumes und können unterschiedlich tief sein. Sie können den Stamm zur Herstellung von Brettern und Kanthölzern nahezu unbrauchbar machen.

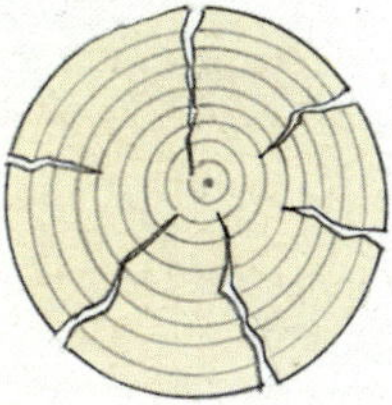

Kernrisse entstehen im *Stamminneren*, oft schon am lebenden Baum, durch große Spannungen. Selbst

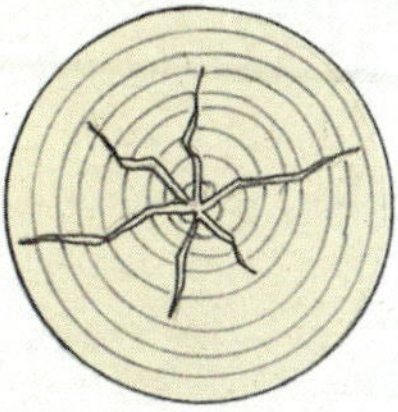

starke Stämme können davon völlig aufgerissen werden. Zur Vermeidung von Kernrissen im geschlagenen Holz ist sorgfältige, langsame Trocknung erforderlich. Besonders anfällig sind Holzarten mit starkem Anteil an Markstrahlen wie Eiche und Rotbuche.

Markrisse sind radial vom Mark ausgehende Risse. *Kern*bretter, *Kern*bohlen oder Kanthölzer mit *eingeschlossenem Mark* reißen fast immer radial vom Mark her auf.

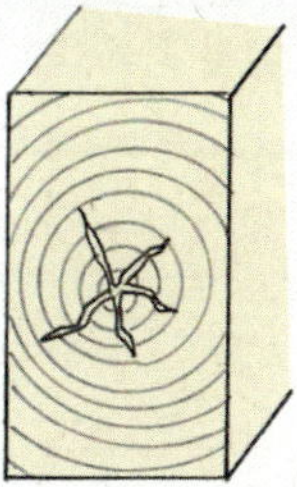

Schälrisse 1▷ verlaufen am Jahresring entlang, häufig am Übergang vom saftführenden Splintholz zum Reif- oder Kernholz. Sie entstehen oft durch unsachgemäße Lagerung.

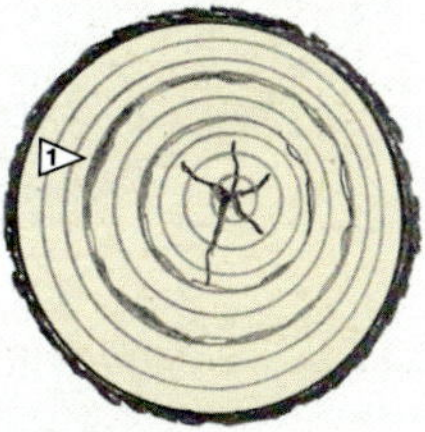

Frostrisse

sind Längsrisse (in Faserrichtung), die durch plötzliche Kälteeinwirkung *am lebenden Baum* entstehen können. Besonders anfällig sind harte Laubhölzer wie Eiche, Rotbuche, Walnußbaum. Weniger gefährdet sind Nadelhölzer.

Äste

Die Äste eines Baumes sind im Stammholz eingeschlossen und mindern – je nach Anzahl, Größe und Beschaffenheit – die Verwendbarkeit des Holzes (Festigkeit, Haltbarkeit, Aussehen, Holzgüte). Nur für dekorative Zwecke im Möbelbau oder für Furniere können Äste oder gar Astansammlungen sehr erwünscht sein (Zirbelkiefer, Vogelaugenahorn). Zu unterscheiden sind:

Der Einzelast

kann als *eingewachsener* Ast gut im Holz verankert sein, fällt also nicht heraus, kann aber 1▷ Kernrisse (→ Seite 70) aufweisen. Sein Vorhandensein hat eine nur geringe Minderung der Holzqualität zur Folge. Als *ausfallender* Ast muß er ausgebohrt und verstopselt werden. Lose Äste sind abgestorbene, vom Holz überwachsene Aststümpfe. Je nach Anzahl und Größe beeinträchtigen sie Aussehen und Tragfähigkeit des Holzes (Einfluß auf die Güteklasse). Beispiel: Fichte.

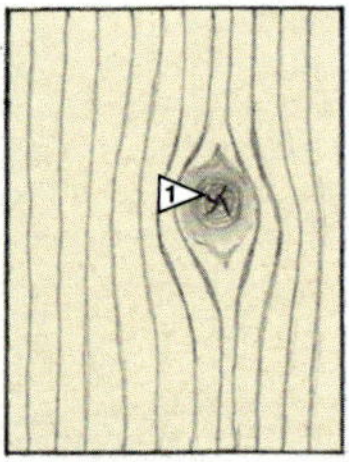

Steckäste

sind »schlummernde« Astansätze (Trockenäste), die nicht voll entwickelt wurden. Im Fachjargon als »verhungert« bezeichnet, zeigen sie sich auf Längsschnitten als 1▷ kleine, dunkle Scheibchen.
Beispiele: Fichte, Linde.

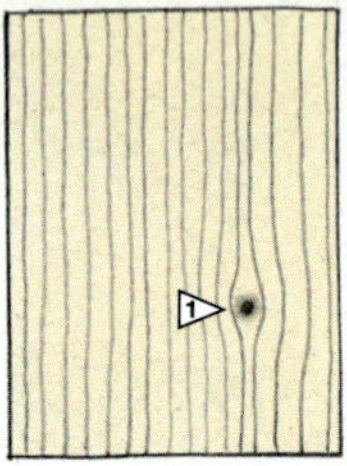

Der Flügelast

ist ein Einzelast, der der Länge nach angeschnitten wurde; er kann sowohl eingewachsen als auch locker sein. Sein Vorhandensein hat in jedem Fall eine Minderung der Tragfähigkeit bei Brettern und Bohlen zur Folge. Der Flügelast sollte beim Zuschnitt wegfallen.

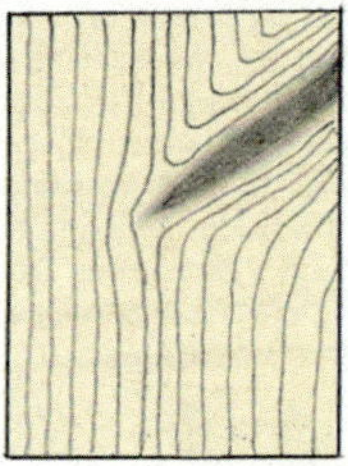

Als **Astansammlungen**

bezeichnet man eine größere Zahl von Ästen auf begrenzter Fläche. Die Güteklasse von Bauschnittholz (DIN 4074) wird unter anderem nach der Summe der Astdurchmesser auf 150 mm Länge an der ungünstigsten Stelle ermittelt.

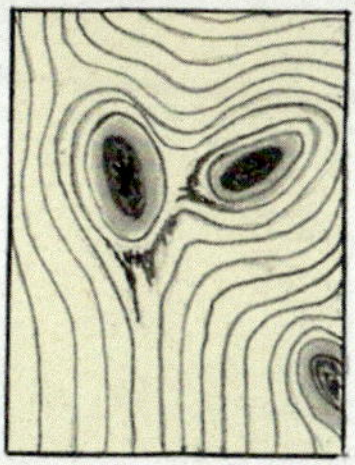

Dekorative Astansammlungen wie bei der Zirbelkiefer und beim Vogelaugenahorn (Ansammlung von Steckästen) sind erwünschte und charakteristische Erscheinungen, die beim Möbelbau und zur Furnierherstellung verwendet werden.

Unregelmäßigkeiten und Anomalien

Der Drehwuchs

entsteht durch spiralförmiges Wachstum, das unterschiedliche Ursachen haben kann (erbliche Veranlagung, permanente einseitige Abkühlung, Wuchsbehinderungen). Bei extremem Drehwuchs (→ Abbildung) ist das Holz nicht mehr konstruktiv zu verwenden. Leicht drehwüchsige Bretter verwinden sich während des Trocknungsprozesses; sie werden als »windschief« bezeichnet.

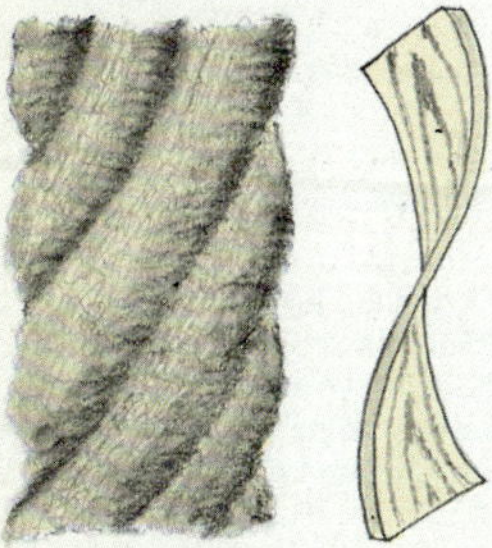

Wechseldrehwuchs

tritt bei einigen exotischen Laubhölzern auf und beruht auf dem besonderen Wachstum bestimmter Bäume mit wechselnder Drehrichtung (Faserverlauf). Je nach Dikkenzuwachs (1 bis 8 cm) entstehen Schichten aus unterschiedlich zueinander gerichteten Fasern, die im Spiegel- und Fladerschnitt als »widerspänig« (→ unten) bezeichnet werden.

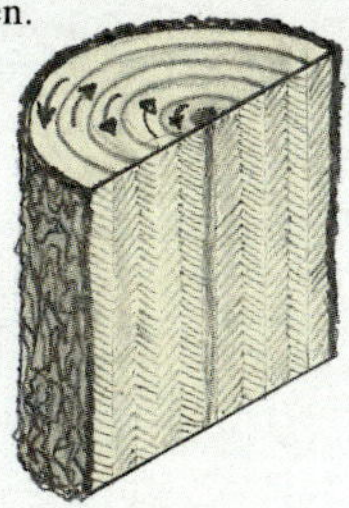

Widerspänig

nennt man die Flächen auf Längsschnitten, die infolge eines wechseldrehwüchsigen Holzes uneinheitlich in zwei wechselnden Richtungen verlaufende Fasern aufweisen.

Beim Hobeln wird ein Teil der Fasern geglättet, während die entgegengesetzt gerichteten Fasern streifenweise aufgerauht werden. Es entsteht so der optische Eindruck von Streifen unterschiedlicher Breite und Helligkeit (Lichtbrechungseffekt). Beispiele: Mahagoni, Limba.

Riegel

sind meist regelmäßig *wellenförmig* verlaufende Holzfasern, die durch unterschiedliche Lichtbrechung erscheinen. Diese Störung im sonst

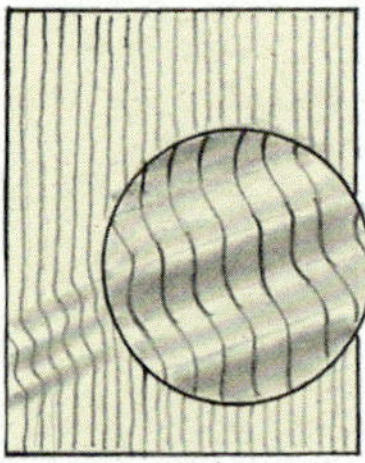

geraden Faserverlauf tritt – je nach Ursache und Holzart – vereinzelt oder gruppenweise auf Längsschnitten quer zur Längsrichtung zutage. Beispiele: Riegelahorn, Nußbaum.

Wimmerwuchs

ist eine anomale, manchmal krankhafte Wuchserscheinung, bei der die Fasern wirr und kraus (»wimmrig«) verlaufen – oft auch im Bereich des Wurzelansatzes. Auf Längsschnitten ergibt sich dadurch ein ungeordnetes, kleinwolkiges Dekor.
Beispiele: Esche, Rüster.

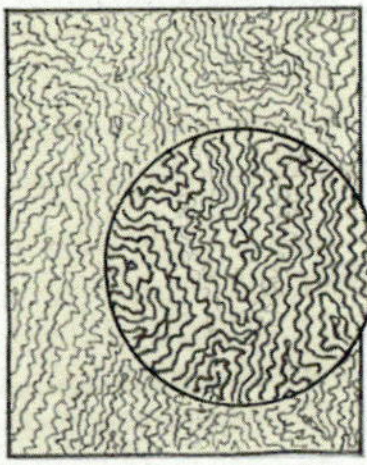

Spannrückig

sind Hölzer aus krumm gewachsenen Bäumen. Manche Baumarten neigen von Natur aus zu krummem Wuchs. Im Spiegelschnitt erscheint die Streifung an den gekrümmten Stellen schlangenförmig. Nach dem Ausmaß der Faserkrümmung richtet sich die Verwendbarkeit des Holzes. Für Brettherstellung nicht geeignet (geringe Ausbeute).
Beispiele: Eibe, Weißbuche.

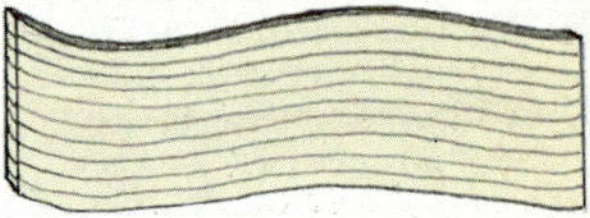

Exzenterwuchs

entsteht durch besondere Wuchsumstände (Schiefstellung am Hang) mit ungleichmäßiger, *exzentrischer* Holzbildung. Die Baumseite mit dem ⊳1 geringeren Holzzuwachs (enge Jahresringe) weist zum Tal (Druckholz), während der ⊳2 größere Zuwachs mit weiten Jahresringen hangwärts entsteht (Zugholz).

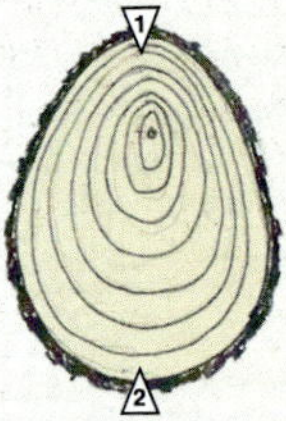

Das Mark solcher Hölzer liegt außermittig. Holz mit Exzenterwuchs neigt sehr zum Werfen, Reißen und Verwinden. Lediglich das Druckholz kann verwendet werden.

Schädlinge

Schäden durch Pilzbefall und Insektenfraß sollten nach Möglichkeit durch vorbeugenden Holzschutz (konstruktiv, biologisch, chemisch) verhindert werden. Wer schon einmal einen vom Hausschwamm zerstörten Holzboden, ein vom Hausbock vernichtetes Dachgestühl oder vom Pochkäfer zerfressene Skulpturen gesehen hat, wird um Holzschutz rechtzeitig bemüht sein.

Pilzbefall

Pilze benötigen zum Gedeihen unbedingt Feuchtigkeit. Trockenes Holz wird nicht befallen. Pilzschäden treten sowohl *am lebenden Baum* (Braunkern, Rotkern) auf und an Hölzern, die *im Freien* (Tannen- und Zaunblättling) lagern, als auch an den *im Gebäude* verbauten Hölzern (Hausschwamm).

Oberflächenpilz (Krustenpilz)

Der *gefährlichste* pflanzliche Holzzerstörer ist der *Echte Hausschwamm* (Merulius lacrymans). Er befällt nur verbautes Holz (bevorzugt Nadel-, aber auch Laubholz). Durch selbst produzierte Fermente (Enzyme) zersetzt er die Zellulose der Holzzellen und nährt sich davon. Er zerklüftet die Zellstrukturen in prismatische Stückchen, die herausbrechen (▷1 Würfelbruch). Im fortgeschrittenen Stadium läßt sich das befallene Holz wie Pulver zerreiben. Dank seiner Wasserleitfähigkeit und seiner Eigenart, Feuchtigkeit zu produzieren, kann sich der Echte Hausschwamm über weite Strecken verbreiten und sogar durch Mauerwerk dringen! Weil er damit eine große Gefahr darstellt, ist der Echte

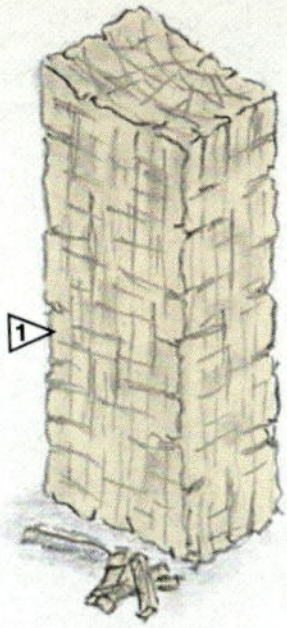

Hausschwamm *anzeigepflichtig* (Bauaufsichtsamt).
Kaum weniger gefährlich sind *Porenhausschwamm* und *Kellerschwamm* (Warzenschwamm). Sie führen zu Braunfäule und zum Würfelbruch, aber nicht so schnell wie der Echte Hausschwamm.

Substratpilze

sind Holzzerstörer, die Nadelholz als Nährboden bevorzugen. Tannen- und Zaunblättling als typische Vertreter befallen oft im Freien verbautes Holz und verursachen die *Holzkernfäule,* die mit bräunlicher Verfärbung im Würfelbruch endet. Die *Weißfäule* als Folge von Substratpilzbefall zerstört durch Würfelbruch die Holzsubstanz ebenfalls.

Bläuepilze

zerstören nicht die Festigkeit des Holzes. Sie leben von den eiweißhaltigen Bestandteilen der Holzzellen, nicht von der Zellulose. Sie befallen hauptsächlich Nadelhölzer, nur selten Laubhölzer, und sind an bläulichgrünen bis blauschwarzen Verfärbungen zu erkennen. Vorsicht ist bei lasierenden und decken-

den Beschichtungen geboten (Bläueschutz). In den Gütebedingungen für Bauschnittholz (Nadelholz) ist »Bläue« in gewissem Umfang zulässig.

Schimmelpilze

sind kaum als Holzzerstörer zu bezeichnen. Köpfchen- und Pinselschimmel wachsen an der Holzoberfläche und ernähren sich wie Bläuepilze. Stockflecken, der typisch filzige Belag (weißlich bis schwärzlich), und dumpf-modriger Geruch sind Hinweise auf Feuchtigkeit und ungenügende Lüftung!

Insektenbefall

kann bei allen Hölzern vorkommen. Holzschädigende Insekten und deren Larven bohren oder fressen Gänge ins Holz, die die Festigkeit beeinträchtigen können (Hausbock). Schadinsekten greifen je nach Art entweder lebendes und/oder verarbeitetes Holz an.

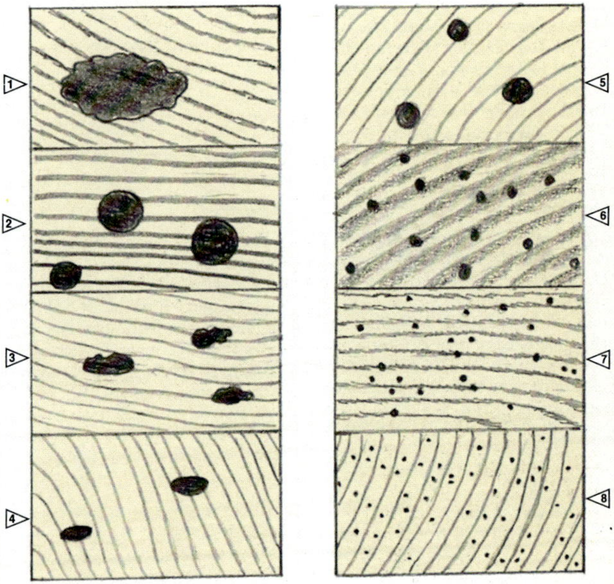

Maßstab 1:1

Ausfluglöcher

① Mulmbock
② Holzwespe
③ Hausbock
④ Blauer Scheibenbock
⑤ Rothalsbock
⑥ Bunter Pochkäfer
⑦ Totenuhr
⑧ Parkettkäfer

Bockkäfer

Die *gefährlichste Art* ist der *Hausbock*. Seine Larven leben nur in Nadelhölzern (Stamm, Balken, Bohlen, Brettern). Verbautes Holz sorgfältig beobachten! Den Schaden bemerkt man in der Regel erst, wenn es zu spät ist. Befallene Hölzer sollten ausgewechselt und verbrannt werden. Weniger gefährlich sind *Blauer Scheibenbock, Mulmbock* und *Rothalsbock*, die ebenfalls nur im Nadelholz zu finden sind.

Pochkäfer/Klopfkäfer

Die *häufigste* und *gefährlichste* Art ist die *Totenuhr.* Sie greift fast alle Laub- und Nadelhölzer an (Möbel, Leisten, Bretter). Die Larven verursachen beim Fraß ein Geräusch, das an das Ticken einer Uhr erinnert.

Splintholzkäfer

befallen sowohl lebende Bäume als auch altes, verarbeitetes Holz vieler Laubbäume. Der *Parkettkäfer* ist ein weitverbreiteter Schädling dieser Art und geht nur im Splint von Laubbäumen seinem Zerstörungswerk nach. Eiche wird bevorzugt, Rotbuche und Birke gemieden. Er ist vorwiegend in Täfelungen, Treppen und Parkettfußböden zu finden.

Holzwespen

Gemeine Holzwespe und *Riesenholzwespe* entwickeln sich nur im Nadelholz. Die Eier werden in *frisches Holz* gelegt; der Schaden bleibt begrenzt.

Holzameisen

nutzen das Holz als Nest. Sie zernagen die Frühholzschichten von Nadelhölzern, so daß nur noch »Spätholzzylinder« stehenbleiben.

Markflecken

sind mit Wundgewebe des Baumes ausgefüllte Bohrgänge der *Kambium-Minierfliege.* Sie sind in allen Schnittlagen deutlich als ▷1 braune Flecken im Holzgefüge erkennbar. Häufig bei Birke und Birnbaum.

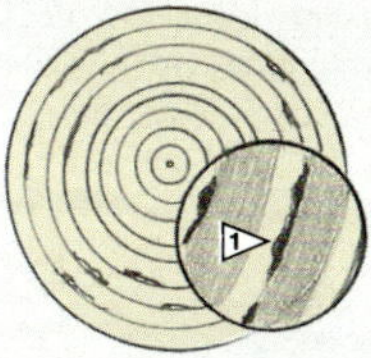

Schmarotzerpflanzen

Mistel

ist ein Halbparasit; sie verankert ihren Senkkern – einer Pfahlwurzel vergleichbar – ins Holz der Wirtspflanze und entzieht dort Nährstoffe und Wasser. Mistelbefall an Bauhölzern mit geringer Tragfähigkeit kann in gewissem Umfang toleriert werden, im allgemeinen aber sind mistelbefallene Stellen unbrauchbar.

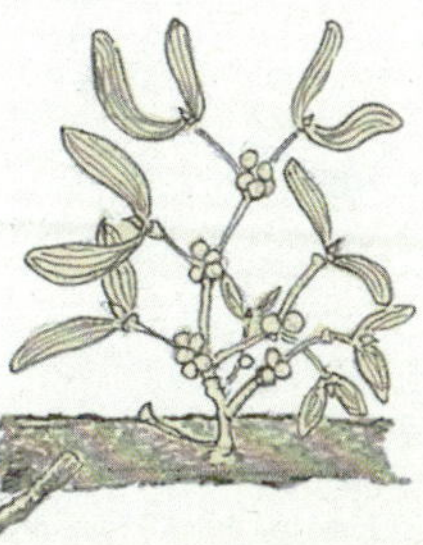

Stichwort- und Sachwortverzeichnis

Hier sind die Namen aller im Holz-Kompaß vorgestellten Baumarten sowie die in Text und Zeichnungen erläuterten Fachbegriffe mit Seitenzahlen aufgeführt. Auch aufgenommen wurden Erläuterungen gebräuchlicher Fachausdrücke. Botanische Baumbezeichnungen sind kursiv gesetzt.